U0173875

航天科技图书出版基金资助出版

在轨服务：下一代空间活动

On-Orbit Servicing：
Next Generation of Space Activities

［奥］安妮特·弗勒利希（Annette Froehlich） 编著

石佳卉 译

高国柱 姚 娜 审校

中国宇航出版社

·北京·

著作权合同登记号：图字：01-2022-2208 号

版权所有　侵权必究

图书在版编目（CIP）数据

在轨服务：下一代空间活动 /（奥）安妮特·弗勒利希（Annette Froehlich）编著；石佳卉译. -- 北京：中国宇航出版社，2022.6

书名原文：On - Orbit Servicing：Next Generation of Space Activities

ISBN 978 - 7 - 5159 - 2079 - 5

Ⅰ.①在… Ⅱ.①安… ②石… Ⅲ.①航天器—飞行控制 Ⅳ.①V448.2

中国版本图书馆 CIP 数据核字（2022）第 098788 号

责任编辑 臧程程	**封面设计** 宇星文化			

出版发行 中国宇航出版社

社 址 北京市阜成路 8 号	**邮 编** 100830	**版 次**	2022 年 6 月第 1 版
(010)68768548			2022 年 6 月第 1 次印刷
网 址 www.caphbook.com		**规 格**	787×1092
经 销 新华书店		**开 本**	1/16
发行部 (010)68767386	(010)68371900	**印 张**	9.75
(010)68767382	(010)88100613（传真）	**字 数**	237 千字
零售店 读者服务部	(010)68371105	**书 号**	ISBN 978 - 7 - 5159 - 2079 - 5
承 印 天津画中画印刷有限公司		**定 价**	68.00 元

本书如有印装质量问题，可与发行部联系调换

航天科技图书出版基金简介

航天科技图书出版基金是由中国航天科技集团公司于 2007 年设立的，旨在鼓励航天科技人员著书立说，不断积累和传承航天科技知识，为航天事业提供知识储备和技术支持，繁荣航天科技图书出版工作，促进航天事业又好又快地发展。基金资助项目由航天科技图书出版基金评审委员会审定，由中国宇航出版社出版。

申请出版基金资助的项目包括航天基础理论著作，航天工程技术著作，航天科技工具书，航天型号管理经验与管理思想集萃，世界航天各学科前沿技术发展译著以及有代表性的科研生产、经营管理译著，向社会公众普及航天知识、宣传航天文化的优秀读物等。出版基金每年评审 1～2 次，资助 20～30 项。

欢迎广大作者积极申请航天科技图书出版基金。可以登录中国航天科技国际交流中心网站，点击"通知公告"专栏查询详情并下载基金申请表；也可以通过电话、信函索取申报指南和基金申请表。

网址：http://www.ccastic.spacechina.com

电话：(010) 68767205，68768904

序　一

探索浩瀚宇宙，发展航天事业，建设航天强国，是我们不懈追求的航天梦。习近平总书记指出"航天梦是强国梦的重要组成部分"。党的十八大以来，中国在深空探测、载人航天、火箭技术、北斗导航等多个领域取得了举世瞩目的成绩，令国人备感自豪。这些成绩彰显了不同凡响的中国风采，凝聚着实现中华民族伟大复兴的强大力量。

当今世界正经历深刻的科技革命与产业变革，航天科技制高点争夺日趋激烈，大航天时代全面开启。以在轨服务技术为代表的航天前沿技术发展迅速。近年来，随着无人在轨服务飞行器所需要的在轨抵近、捕获、操作、修理、燃料补给、集成以及建造等技术逐渐成熟，与之相关的航天项目也不断进入公众视野。世界首个在轨服务飞行器在静地轨道上同现役商业卫星成功对接，引发了各国对未来空间在轨服务技术的广泛关注。该领域发展对带动空间技术跨越式发展与产业变革的积极作用毋庸置疑，但其技术的军民两用特性、空间活动的多样与创新性特点以及多类型主体参与实践的趋势，也产生了令人担忧的安全与法律问题。国际社会在联合国框架下构筑起以《外空条约》等5项外空公约为基石的外空法律制度，对各国开展外空活动发挥了重要作用。但外空军事化和武器化发展趋势不断加剧，商业航天等新型外空活动不断涌现，外空安全面临诸多严峻挑战，现有国际法律框架在维护外空安全方面的不足逐渐凸显。因此，国际社会一直在积极推动外空新规则的制定工作，各航天大国都希望在外空法治的变革与发展过程中争得更多话语权。

当前，我国航天事业已进入全面建设航天强国的新阶段，我国航天法治建设也将驶入发展快车道。站在新的历史起点，如何为重大项目实施提供必要的法律制度保障，并构建新发展格局，与世界各国一道分析和解决新技术应用的一些矛盾、冲突和法律问题，打造太空领域人类命运共同体，是我们面临的挑战，必须妥善应对。

本书原著是由世界空间政策主要研究机构之一的欧洲空间政策研究所编辑、Springer出版社出版的以"在轨服务"为主题的合集，以跨学科的方式集中收集了与在轨服务有关的、多角度的前沿问题研究成果，涉及了政治、法律、经济和安全等多个方面，展现了当今世界范围内围绕在轨服务这一新兴空间业务的国际法规与准则制定研讨中的主流欧洲观点。

　　本书的译者为长期工作在航天领域创新研究一线的核心骨干。希望通过该本译著，让国内相关从业人员了解该领域的最新焦点与前沿问题，为国内科研人员开展相关政策、法律与技术研究提供参考；在达成国内共识的基础上，促进更广泛、更深入的国际研讨，支撑我国在轨服务领域技术发展与国际合作，并在国际新的外空规则制定中贡献"中国智慧"。

中国科学院院士

2022 年 6 月

序　二

　　本书原著 *On - Orbit Servicing*： *Next Generation of Space Activities* 是由欧洲空间政策研究所（ESPI）主持编辑的"空间政策研究"系列图书之一（Springer 出版，2020年），集中反映了欧洲空间政策与法律学者、从业人员对这一领域的深入思考。在国际新法立法活动日益活跃、相关国际规则讨论愈发热烈的国际大形势下，这无疑是一部及时又难得的研究成果合集。其中，来自法律、政治、经济、安全、风险和保险等多个视角的独特观点为这一领域国际法学界前沿问题的解决提供了很好的参考与启发。该书作为我国引进并翻译的有关在轨服务空间政策与法律研究成果的著作，具有非常重要的意义，可直接为国内航天立法机构，政策制定与决策人员以及从事相关学术研究、系统建设和运营的业内人员提供参考。

　　作为"改变游戏规则"的新兴业务，在轨服务及其相关规则的讨论必将引起航天领域从业人员的广泛关注。原著的特点是不只关注技术发展，还较为全面地展现了世界范围内相关法规/准则制定的争议焦点与鲜明观点。更难能可贵的是，原著不仅广泛收录了欧洲的主流观点，还涵盖了来自非洲的新兴航天国家的观点，具有较高的出版价值。

　　本书的译者为该领域一线研究人员、学者，有着丰富的科研经历和丰硕的学术成果，在在轨服务技术研发、空间政策与法律研究方面有着较好的研究背景。希望该书的出版进一步带动太空活动治理相关国内研究成果的国际共享，促进国际共识的达成。

中国空间技术研究院总法律顾问

2022 年 6 月

前　言

在轨服务（On‑Orbit Servicing，OOS）是外层空间活动进入一个新阶段的显著标志。第一阶段外层空间活动的特点是主要航天国家的出现，包括太空竞赛。在这一时期，空间活动绝大多数是政府或军事性质的。第二阶段外层空间活动不再以政府或军队为中心，该领域向商业行为者开放，尤其是电信等商业领域中的新活动呈现出成倍增长态势。进入新阶段的外层空间活动则见证了私营空间行为者的崛起，其特点是出现了空间经济，更加关注轨道上的新经济活动和机会。来自南半球的新兴空间行为者也正在以前所未有的热情参与到新阶段的空间活动中。此外，外层空间活动所带来的后果虽然在前两个阶段没有得到足够的重视，但这一重要问题却是现在关注的焦点；OOS 因此成为新阶段外层空间活动的核心。本书专门汇集了一系列关于 OOS 的最新的、不同的见解，非常及时。考虑到 OOS 正处于不断发展过程中，早期操作由航天员执行，而进一步的任务可能由机器人执行，因此，本书将从多个角度探讨 OOS 的影响。

就外层空间活动的长期可持续性而言，空间碎片减缓是一个关键问题，也是联合国和平利用外层空间委员会（UNCOPUOS）以及其他国际组织/机构激烈辩论的主题。目前已制定的各类相关法规和标准包括 UNCOPUOS《空间碎片减缓准则》、欧洲空间局（ESA）《空间碎片减缓要求》和美国《轨道碎片减缓标准做法》。尽管这些法规的发布受到各界的欢迎，但是随着 OOS 开辟了航天器在轨维修、加注和重构（更新）的可能性，它也带来了新的挑战与机遇。OOS 是空间碎片减缓的进一步发展。在轨提供服务的可能性，在延长卫星生命周期方面可发挥重要作用，因而也是对 ESA 清洁空间（Clean Space）倡议的支持。然而，有必要不仅仅从技术可行性的角度探讨 OOS 这个话题，因为它在政治、法律、经济和安全方面引发了问题与关注。

从军事方面来看，由于 OOS 本身的双重用途性质，我们的确需要在外层空间活动的透明度和建立信任措施（TCBMs）方面制定和执行行为规范。然而，《外空条约》中所表达的所有空间活动都应用于和平目的的原则仍然没有可被统一接受的定义。因此，必须澄清相关行为规范，以便它能够在防止以 OOS 为幌子的敌对行动发生方面发挥作用。为此，必须区分政府和非政府 OOS 运营商；而这只是 OOS 所带来的众多法律问题和挑战之一。

举例来说，其他问题还包括：重新加工和回收空间物体的身份属性，尤其是在所有权和管辖权的潜在转让方面；以及在轨道上（即在国际公域内）执行操作的控制问题；区分修复操作和使用废弃航天器的回收材料来制造新物体（例如使用回收材料进行 3D 打印），这一问题对制成品的身份和适用法律，包括责任和登记（例如谁将被视为发射国），具有重要的法律影响。反过来，这将对保险和风险管理产生影响。例如，在 OOS 技术背景下，保险公司可能也会以不同的方式看待以前被认为是完全损毁的卫星。因此，必须对风险管理进行评估。

最后，OOS 还将对南半球的新兴空间行为者产生影响。虽然他们作为在轨服务提供者参与空间活动的能力较为有限，但这将直接影响到他们的空间行动。例如，OOS 对于那些因提供重要服务的昂贵航天器损毁而蒙受损失的新兴空间行为者来说，具有重大的变革潜力。因此，虽然 OOS 看似是航天大国的关切，但新兴航天国家，特别是非洲国家，如果要维护自己的利益，就必须在有关法律、政治、经济、安全和风险问题的辩论中发挥更积极的作用。关键的挑战是实现思想范式的转变，要使发展中国家认识到参与有关 OOS 讨论的必要性和紧迫性，而不是将其留给航天大国。

本书为有关 OOS 的研究提供了一种新的方法和视角，将会引起航天及相关领域的从业人员、学者和学生的极大兴趣。

Annette Froehlich 博士

欧洲空间政策研究所（ESPI）

借调德国宇航中心（DLR）

奥地利维也纳，2020 年 5 月

目　录

第 1 章　在轨服务项目双重用途性质的法律探讨

摘　要　在轨服务（OOS）空间活动包括了一系列目标明确的活动，即利用"空间拖船"（space tug）对在轨航天器实施维护、维修、升级、加油或离轨。这些活动要求服务空间飞行器与另一个国家、机构或私营公司的空间资产抵近、交会与互操作。从这一方面来看，即使 OOS 任务起初不被视为军事活动，其系统的基本能力却是具有民事和军事双重用途性质的；我们强调这样一个事实，即，在轨服务空间飞行器可能会对和平利用外层空间构成威胁。因此，面临的主要法律挑战之一是弄清楚如何使用 OOS 空间飞行器及其任务的目的。本章首先分析了《外空条约》第四条；然后，强调即使不能将这些技术视为武器，也要考虑到它们具有双重用途的性质而将它们视为威胁。因此，本章分析了透明度和建立信任措施（Transparency and Confidence Building Measures，TCBMs）的标准，以便确定行为准则，减少可能因误解导致外层空间产生危机或冲突的风险。

1.1　引言

在轨服务（OOS）、交会和近距离操作（RPO）任务正在成为现实[1]。这些任务的目的是接近和操作轨道上的空间资产，代表着下一代的空间活动[2]。最近，私营公司诺斯罗普·格鲁门（Northrop Grumman）公司已成功地开启了一项 OOS 任务[3]。其他公司，如空中客车防务与航天公司[4]、MDA 公司[5]也正在开发这项技术。此外，航天保险公司正在根据这些新颖的商业计划执行新的承保流程[6]。

欧洲空间局也在通过清洁空间（Clean Space）[7]任务加强这项新技术的研究，该任务有多个目的，重点是空间碎片移除[8]。这项新的技术将赋予卫星在轨加注、维修与轨道转移的新能力。

这些任务描绘了空间活动的新范式。事实上，这些任务不仅需要防止在轨碰撞，还要考虑在 OOS/RPO 场景下，对接两个空间资产（dock two space assets）所引发的法律问题[9]，特别是，这些技术在何种程度上可以被视为"以和平为目的展开"的这个问题需达成一致意见。此外，这些系统的基本能力往往具有双重用途性质，即使 OOS 初看起来不是军事空间活动，但事实上却能够实现军事目的。因此，这项技术有可能被用来损害其他空间资产。

太空时代伊始，各国就在利用外层空间开展军事活动和战略行动[10]。而且，双重用途技术一直是空间技术和诸如遥感、通信和导航等任务的一个特点[11]。需要谨记的是，外层空间的法律制度是以和平利用原则为基础的，然而，"和平目的"的含义存在一定的模糊性[12]。

"和平目的"的概念在《外空条约》（OST）的序言部分也有涉及[13]，学者们将其解释为"非侵略性目的"[14]。尽管一些国家和评论人士建议用"和平目的"来表示"非军事目的"，但这种解释与各国在绕地球轨道上部署军事和军民两用卫星的做法并不相符[15]。普遍的观点是，"和平利用"意味着"非侵略性利用"[16]。同样，空间活动可以用于和平目的，同时也可服务于安全和国防利益。由于军事活动、双重用途卫星和空间新威胁的日益发展，这一问题仍然至关重要。通过对《外空条约》第四条所使用词语的一贯和众多解释以及各国的做法，外层空间的军事利用得到进一步巩固[17]。

伴随着日益增长的双重用途技术应用趋势，外层空间的军事利用目前在许多航天国家中广泛存在。空间技术的双重用途性质意味着它们可以用于民事和军事目的，也可以由民事和军事实体（例如：国家航天局和国防部）提供资金[18]。鉴于卫星在保障国家安全或支持地球上的军事或人道主义行动方面的重要战略作用，各国一直将其用于军事目的。事实上，没有空间能力支持的战争是不可想象的[19]。

此外，这项技术是民用或商业性质的事实并不会降低其战略价值[20]。即使该技术由商业开发，它们也有可能扩大安全关切，并可能为外空军备竞赛铺平道路[21]。

本章从这些技术的双重使用能力方面来考察其合法性。第一部分分析了《外空条约》第四条，该条被普遍认为是处理外层空间军事利用问题的重点。第二部分强调了国际社会为解决因 OOS 活动而产生的外层空间敌对活动风险所作的努力。最后一部分涉及为 OOS 任务实施透明度与建立信任措施（transparency and confidence building measures）的必要性。

1.2   《外空条约》第四条的局限性

首先，在处理外层空间的军事利用问题时，必须考虑到《外空条约》第三条，因为它确定了空间法与国际法之间的联系[22]。此外，本文还参考了《联合国宪章》以及联合国安理会首脑会议——"维护国际和平与安全"会议。

然后，必须审查《外空条约》第四条第 1 款，因为它只预见到禁止在外层空间放置大规模毁灭性武器，但允许将外层空间用于军事目的，包括在外层空间放置常规武器[23]。实际上，第 1 款的原文为"禁止将携带核武器[24]或任何其他大规模毁灭性武器的空间物体送入地球轨道、在天体上部署此类武器，或以任何其他方式在外层空间放置此类武器"。因此，第四条第 1 款的禁止明确提及核武器和大规模毁灭性武器，既不适用于常规武器，也不适用于军用或双重用途卫星。与此相反的是，第 2 款规定，月球和其他天体只能专用于和平目的。月球和其他天体的使用应完全用于和平目的，并明确规定不得在天体上建立任何基地、设施或防御工事。它规定月球和其他天体的全面非军事化，禁止放置和试验任何类型的武器，建立军事设施和设备，以及任何形式的军事演习。然而，在科学与和平活动中使用军事人员和设施是被允许的。

《月球协定》[25]第三条拓展了这些规定，它规定禁止在月球上使用武力或以武力相威胁，或从事任何其他敌对行为或威胁敌对行为。它不仅禁止将携带核武器或大规模杀伤性武器的物体放置在月球上，而且禁止将其放置在月球轨道上。

因此，OST 第四条第 1 款规定了一个无核化制度，但不是外层空间的全面非军事化。各国仍然可以在外层空间自由部署任何类型的军事卫星，并将外层空间用于部署常规武器。此外，第四条没有对军事用途、核武器、大规模毁灭性武器或和平用途等词语做出任何定义，也没有明确区分"和平"和"专用于和平"这两个词语[26]。

在这方面，各国开展的一些活动反映了第四条的局限性和外空武器化的危险，例子包括反卫星能力（ASAT）[27]、在轨间谍活动[28]、信号干扰和网络攻击。

此外，各国正在制定空间防御战略和政策。在这种背景下，法国[29]和美国正在建立"太空军"[30]。当前，各国拥有重要的军事或双重用途空间技术；而且，预计越来越多的国家和其他空间行为者将出于军事原因发展新的能力[31]。

现行法律制度没有提供一个涵盖外层空间军事利用所有方面的全面制度。如果它明确禁止在外层空间使用大规模毁灭性武器，则没有考虑其他武器和各国可能在外层空间从事的"敌对行为"，特别是由于空间技术和空间任务的双重用途性质引发的行为。事实上，通过不同的空间活动，如在轨服务、交会与抵近任务，可以不同的方式实现卫星、卫星功能或卫星结构的失效。

1.3　OOS 机动与外空敌对行动风险

鉴于《外空条约》第四条的局限性以及 OOS 飞行器可能对所服务的航天器造成干扰、抑制或对其使用激光，从而对和平利用外层空间构成威胁的事实，OOS 飞行器可能因上述外层空间武器化的风险因素[32]，被认为是一种武器。

事实上，即使 OOS 能力初看起来并不是武器，但由于其双重用途的性质，它们也可能被视为潜在的威胁。的确，人们可能认为，民事行动可以隐瞒敌对行为。这些行动的主要任务如果是与其他空间物体交会与操控，即使不需要执行军事空间活动，也会为潜在的军事行动提供条件。从这一点上来说，OOS 操作突出了有关空间"武器化"的问题，特别是以非和平方式使用这项技术的条件。OOS 能力如果用于干扰另一空间资产，则可能被视为一种"侵略性"行为[33]。因此，从 OOS 飞行器的目的出发，确定未来的 OOS 任务是否会违反和平利用外层空间的原则是一个至关重要的问题。

在这方面，联合国裁军研究所（UNIDIR）[34]在防止外空军备竞赛（PAROS）的框架内讨论了 OOS 任务[35]。PAROS 是在联合国大会和联合国裁军谈判会议（CD）[36]的主持下进行的（一项议程），联合国大会每年通过一项关于这一问题的决议[37]。

鉴于 OOS 飞行器可能执行各种不同的任务，例如载人航天对接、在轨装配、卫星服务、维修和加油、检查、情报收集以及共轨反卫星，人们可以认为它们既可用于防御，也可用于进攻[38]。换言之，这项技术最初可用于民用目的，同时也可被武器化[39]。而且，这项空间技术正在扩散[40]，被各种各样的行为者所使用。

空间安全的主要挑战之一在于外层空间技术和活动的核查制度[41]，特别是考虑到其双重/多用途的性质以及空间行动者之间缺乏信任[42]。这个问题[43]，尤其是核查是否有"军事意图"的违规行为，已经在 PAROS 框架中得到了解决[44]。根据 UNIDIR 的一项研究，"核查空间物体的在轨行为比核查其功能更容易"[45]。这在 OOS 任务中尤其重要。在过去的几年里，相关的工作和讨论都强调了实施重要的 OOS 最佳实践和标准的必要性，以避免在实施任务时产生误会和误解[46]。

因此，与 OOS 等新型空间任务的"双重用途/多重用途"有关的 TCBMs 工具对于加强国际合作、在空间行为者之间建立信任、促进和平利用外层空间等方面至关重要。

1.4 OOS 任务透明度与建立信任措施

在这种潜在的不稳定背景下，各国在从事这些活动时，无论任务的目的是商用还是民用，都必须明确证明其意图。

鉴于 OOS 系统使各国难以确定民用、商用或军事任务以及和平或敌对行为，制定透明度与建立信任措施（TCBMs），以确保这些活动以适当的方式进行非常重要，这就是维护外空安全与战略稳定[47]。

TCBMs 代表了外层空间活动的重要工具[48]。实际上，其目的是阐明行为者的意图，通过信息共享来提高透明度，并实施外层空间的行为规范[49]。

尤其是，许多空间技术具有双重用途，因此，对未来的空间任务缺乏明确的意图可能导致对空间活动的怀疑和误解。OOS 飞行器的双重用途性质可能破坏外层空间的政治和战略稳定。的确，OOS 飞行器在无人监督的情况下访问太空资产的可能性带来了安全风险。因此，主要问题是确定飞行器任务的目的。

与 OOS 任务相关的未来 TCBMs 必将面临一系列挑战，包括[50]：

1）确定最佳做法和标准，以减少对任务目的的误解。

2）建立行为规范，以便区分用于和平目的的民用、商用近距离操作行为和潜在敌意的近距离操作行为。

3）增强空间态势感知（SSA），用于监测和核查。

这些措施的目的是为未来 OOS 和 RPO 空间活动建立行为规范，同时也确保其他国家的空间行动的合法性。

在这方面，必须强调"交会与服务操作执行联盟"（CONFERS）所做的工作，其目的是制定和实施非约束性的在轨服务技术与法律标准[51]，例如：

1）商业交会与近距操作以及在轨服务的指导原则[52]。

2）相关的设计与操作实践的建议[53]。

3）关于在轨服务任务阶段[54]的文件，其中建立了任务阶段的基线，描述了所有任务阶段的例行程序。

1.5　迈向 OOS/RPO "多用途" 能力

OOS 任务的双重用途性质问题对于确保和平利用外层空间和外空活动的长期可持续性具有特别重要的意义。这项技术本身不能被视为一种武器。尽管法律制度并不禁止 OOS 技术，但要禁止利用该技术从事可能干扰和损害其他国家活动的某些用途。

这些技术由于其潜在的"多重用途"能力以及参与这些活动的行为者的多样性，因此具有显著的破坏稳定的能力。因此，无论任务的目标是军事、民用还是商用，相关国家、机构和私营公司在开展 OOS/RPO 活动时必须明确其具体意图，必须保证这些空间行动的合法性，以避免紧张和冲突。

采用 TCBMs 最为合适，因为这些工具不具约束力，它们是从政治角度考虑的。而且，如果各国政府决定实施国内规则等自愿框架，它则可以成为一种一贯的做法。如上所述，工业界也可以采用一些标准和准则来执行在轨服务任务。此外，有必要采取措施减少在外层空间实施"两用/多用途"任务，特别是降低其在在轨服务方面产生误会和误解的可能性。

作 者 简 介

安妮·索菲·马丁（Anne‐Sophie Martin）是国际法和空间法专业的法学博士。博士研究聚焦在双重用途卫星的法律问题。在巴黎大学（法国）获得空间法和电信法法学硕士学位，在罗马萨皮恩扎大学（意大利）获得博士学位。2017 年 8 月，加入了海牙国际法学院研究中心。2019 年 3 月起，作为志愿者，在"空间文明中心"担任访问研究员。2019 年 7 月以来，一直担任"为了所有月球人（For All Moonkind）"组织的法律委员会成员。

参 考 文 献

［1］ R. S. Jakhu, J. N. Pelton (eds), Global Space Governance: An International Study, Springer, 2017,
331 ss; SpaceNews, On‐Orbit Satellite Servicing: The Next Big Thing in Space?, November 17,
2017: https://spacenews. com/on‐orbit‐satellite‐servicing‐the‐next‐big‐thing‐in‐space/;
Space‐News, In‐Orbit Services Poised to Become Big Business, June 10, 2018: https://
spacenews. com/in‐orbit‐services‐poised‐to‐become‐big‐business/.

［2］ ESPI Briefs, In‐Orbit Servicing: Challenges and Implications of an Emerging Capability, n. 38,
February 2020.

［3］ The Verge, Two commercial satellites just docked in space for the first time, Feb. 26, 2020:
https://www. theverge. com/2020/2/26/21154426/commercial‐satellites‐docking‐space‐
northrop‐grumman‐intelsat; SpaceNews, Northrop Grumman's MEV‐1 servicer docks with
Intelsat satellite, Feb. 26, 2020: https://spacenews. com/northrop‐grummans‐mev‐1‐
servicer‐docks‐with‐intelsat‐satellite/; see also EOportal Directory, MEV‐1 (Mission
Extension Vehicle‐1): https://directory. eoportal. org/web/eoportal/satellite‐missions/m/mev‐
1; Northrop Grumman, Mission Extension Vehicle: https://www. northropgrumman. com/space/
space‐logistics‐services/mission‐extension‐vehicle/; SpaceNews, Intelsat‐910 Satellite, with
MEV‐1 Servicer Attached, Resumes Service, April 17, 2020: https://spacenews. com/intelsat‐
901‐satellite‐with‐mev‐1‐servicer‐attached‐resumes‐service/; see also Space, Ailing
Intelsat Satellite Begins New Life in Orbit After Historic Servicing Mission Success, April 17, 2020:
https://www. space. com/ailing‐intelsat‐satellite‐revived‐by‐mev‐1‐mission‐success.
html.

［4］ Airbus website, O. Cubed Services: https://www. airbus. com/space/Services/on‐orbit‐services.
html.

［5］ MDA website, Robotics and On‐Orbit Servicing: https://mdacorporation. com/isg/robotics‐
automation/space‐based‐robotics‐solutions/.

［6］ J. J. Klein, Understanding Space Strategy—The Art of War in Space, Routledge, 2019, 258p.

［7］ ESA website, In‐Orbit Servicing: Mission profile: http://www. esa. int/ESA _ Multimedia/
Images/2019/07/In‐Orbit _ Servicing _ Mission _ profile.

［8］ Ibidem.

［9］ A. S. Martin, S. Freeland, Exploring the Legal Challenges of Future On‐Orbit Servicing Missions
and Proximity Operations, Journal of Space Law, 43. 2, 2019, 196‐222.

［10］ M. Bourbonnière, National‐Security Law in Outer Space: The Interface of Exploration and
Security, 70 J. Air Law and Commerce (2005), 3‐62; Jinyuan Su, Use of Outer Space for Peaceful
Purposes: Non‐Militarization, Non‐Aggression and Prevention of Weaponization, 3 6J.
SpaceL. 253 (2010); Jackson Maogoto & Steven Freeland, From Star Wars to Space Wars—The

Next Strategic Frontier: Paradigms to Anchor Space Security, 33 Annals Air & Space L. 10 (2008).

[11]　See generally P. Gasparini Alves, Evolving Trends in the Dual Use of Satellites, UNIDIR, New York, 1996; F. Lyall, P. B. Larsen, Space Law A Treatise, Routledge, 2018, 448 ss.

[12]　P. J. Blount, Limits on Space Weapons: Incorporating the Law of War Into the Corpus Juris Spatialis, Proceedings of the 51st Colloquium on the Law of Outer Space; P. J. Blount, Developments in Space Security and Their Legal Implications, Law/Technology, 44 (2), 2011, 18 – 39; M. Bourbonnière, R. J. Lee, Legality of the Deployment of Conventional Weapons in Earth Orbit: Balancing Space Law and the Law of Armed Conflict, European Journal of International Law, 18 (5), 2007, 873 – 901.

[13]　Treaty on Principles Governing the Activities of States in the Exploration and Use of Outer Space, including the Moon and Other Celestial Bodies, October 10, 1967, 610 U. N. T. S. 205.

[14]　C. Q. Christol, The Modern International Law of Outer Space, 1982, New York, Pergamon Press, 29 – 30; G. Catalano – Sgrosso, Diritto internazionale dello spazio, Firenze, LoGisma, 2011, 70; see also S. Aoki, Law and Military Uses of Outer Space, in R. S. Jakhu, P. S. Dempsey, Routledge Handbook of Space Law, Routledge, 2017, 197 – 224.

[15]　R. J. Lee, The Jus ad Bellum in Spatialis: the Exact Content and Practical Implications of the Law on the Use of Force in Outer Space, 29 J. Space L. (2003) 93, 97 – 98.

[16]　P. J. Blount, Space Security Law, Oxford Research Encyclopedia, Planetary Science, June 2018, 30p.

[17]　S. Freeland, R. S. Jakhu, The Applicability of the United Nations Space Treaties During Armed Conflict, 2015 Proc. IISL, 11p; K. U. Schrogl, J. Neumann, Article IV, in S. Hobe, B. Schmidt – Tedd, K. U. Schrogl, CoCoSL, Vol. 1, Köln: Carl Heymanns Verlag, 2009, 70 – 93.

[18]　L. Bianchi, Diritto spaziale e difesa: uso duale e security, in A. F. Biagini, M. Bizzarri (a cura di) Spazio. Scenari di collaborazione, note di diritto internazionale, Firenze, Passigli Editori, 2013, 23.

[19]　D. Blake, Military Strategic Use of Outer Space, in H. Nasu, R. McLaughlin (eds.), New Technologies and the Law of Armed Conflict, Netherlands, Asser Press, 2014, 97 – 114.

[20]　J. N. Pelton, Satellite Security and Performance in an Era of Dual Use, Online Journal of Space Communication, Issue n°6, Security and Performance, Winter 2004.

[21]　J. A. Lewis, Reconsidering Deterrence for Space and Cyberspace, in M. Krepon, J. Thompson (eds.), Anti – Satellite Weapons, Deterrence and Sino – American Space Relations, Washington, DC: Stimson Center, 2013, 61 – 80; M. Cervino, S. Corradini, S. Davolio, Is the peaceful use of outer space being ruled out?, Space policy 19, 2003, 231 – 237.

[22]　M. Lachs, The Law of Outer Space, Leiden, 1972, p. 21 ss; R. S. Jakhu, S. Freeland, The Sources of International Space Law, Proceedings of the International Institute of Space Law, 2014, 460 ss; see also O. Ribbelink, Article III, in S. Hobe, B. Schmidtt Tedd, K. U. Schrogl (eds.), Cologne Commentary on Space Law, Vol. I, Carl Heymanns Verlag, Cologne, 2009, 64 ss; T. Marauhn, The Use of Force in Outer Space Articles III and IV of the Outer Space Treaty from the Perspective of General International Law, in S. Hobe, S. Freeland (eds.), In Heaven as on Earth? The Interaction of Public International Law on the Legal Regulation of Outer Space. 1/2 June 2012,

Bonn Oberkassel, Institute of Air and Space Law of the University of Cologne, 2013, 7 ss.

[23]　T. Masson-Zwaan, M. Hofmann, Introduction to Space Law, Wolters Kluwer, 2019, 67 ss.

[24]　The International Court of Justice in its Advisory Opinion on the Legality of the Threat or Use of Nuclear Weapons of 1996 stated that "nuclear weapons are explosive devices whose energy results from the fusion or fission of the atom".

[25]　Agreement Governing the Activities of States on the Moon and Other Celestial Bodies, December 1979, 1363 U. N. T. S. 3.

[26]　S. Mosteshar, Space Law and Weapons in Space, Oxford Research Encyclopedia of Planetary Science, May 2019, 7 ss: https://oxfordre.com/planetaryscience/view/10.1093/acrefore/9780190647926.001.0001/acrefore-9780190647926-e-74? print=pdf.

[27]　See UNIDIR, Space dossier, Towards ASAT Test Guidelines, May 2018, 18p: https://www.unidir.org/publication/towards-asat-test-guidelines.

[28]　BBC website, Russia 'tried to spy on France in space' —French minister, Sept. 2018: https://www.bbc.com/news/world-europe-45448261.

[29]　S. Morgan, Macron announces launch of French Space Force, Euractiv, July 15, 2019: https://www.euractiv.com/section/aerospace-and-defence/news/mon-ready-macron-announces-launch-of-french-space-force/; Permanent representation of France to the Conference on Disarmament, Florence Parly unveils the French space defence strategy, July 25, 2019: https://cd-geneve.delegfrance.org/Florence-Parly-unveils-the-French-space-defence-strategy.

[30]　US Space Force Official website: https://www.spaceforce.mil/; see also Space Policy Directive-4, Establishment of the United States Space Force, Feb. 19, 2019: https://www.whitehouse.gov/presidential-actions/text-space-policy-directive-4-establishment-united-states-space-force/.

[31]　F. Lyall, P.B. Larsen, Space Law A Treatise, Routledge, 2018, 465 ss.

[32]　The term 'weaponization of space' refers to the deployment of weapons in outer space to attack, destroy, or damage objects in outer space, as well as human beings and objects on the Earth. See also S. Freeland, International Law and the Exploration and Use of Outer Space, in M. Ambrus, R. Rayfuse (eds) Risk and the Regulation of Uncertainty in International Law, Oxford University Press, 2017, 77-96.

[33]　M. Bourbonniere, National-Security Law in Outer Space: The Interface of Exploration and Security, 70 J. Air L. &Com. 3 (2005).

[34]　D. Porras, Shared Risks: An Examination of Universal Space Security Challenges, Briefing Paper, UNIDIR, 2019, 6 ss.

[35]　UNGA Res. 36/97, 9 December 1981; see also B.G. Chow, Space Arms Control: A Hybrid Approach, Strategic Studies Quarterly, 12 (2), 2018, 107-132; C.A. Ford, Whither Arms Control in Outer Space? Space Threats, Space Hypocrisy, and the Hope of Space Norms, April 6, 2020: https://www.state.gov/whither-arms-control-in-outer-space-space-threats-space-hypocrisy-and-the-hope-of-space-norms/.

[36]　UN Res. 74/32, Prevention of an arms race in outer space, UN Doc. A/RES/74/32 (12 December

2019）；UN Res. 74/33, No first placement of weapons in outer space, UN Doc. A/RES/74/33（12 December 2019）；UN Res. 74/34, Further practical measures for the prevention of an arms race in outer space, UN Doc. A/RES/74/34（12 December 2019）.

[37]　T. Masson - Zwaan, M. Hofmann, Introduction to Space Law, Wolters Kluwer, 2019, 69 ss；G. Alves, Prevention of an Arms Race in Outer Space: A Guide to the Discussions in the Conference on Disarmament, United Nations Publications, New York, 1991, 8 ss.

[38]　D. Porras, Shared Risks⋯op. cit., 10.

[39]　P. J. Blount, On - Orbit Servicing and Active Debris Removal: Legal Aspects, in A. Peculjic, M. Tugnoli（eds.）, Promoting Productive Cooperation Between Space Lawyers and Engineers, I G I Global, 2019, 179 - 192.

[40]　B. Weeden, The Evolution of Space Rendezvous and Proximity Operations and Implications for Space Security, United Nations Disarmament Conference, New York, April 12, 2019: https: // unidir. org/sites/default/files/2019 - 12/Brian% 20WEEDEN% 20 -% 20UNDC ＿ RPO ＿ Apr 2019. pdf.

[41]　UNIDIR Space Security Conference 2019, Supporting Diplomacy: Clearing the Path for Dialogue, 28 - 29 May 2019, 4 ss.

[42]　D. Porras, Eyes on the Sky—Rethinking Verification in Space, UNIDIR, Space Dossier 4, Oct. 2019, 7 ss.

[43]　Report of the Conference on Disarmament Subsidiary Body 3: Prevention of an Arms Race in Outer Space, CD/WP . 611, 3 September 2018, 2.

[44]　D. Porras, Eyes on the Sky⋯ op. cit., 12.

[45]　B. Basely - Walker, B. Weeden, Verification in Space: Theories, Realities and Possibilities, UNIDIR, Disarmament Forum, vol. 3, 2010, 43.

[46]　B. Silverstein, D. Porras, J. Borrie, Alternative Approaches and Indicators for the Prevention of an Arms Race in Outer Space, UNIDIR, Space Dossier 5, May 2020, 26.

[47]　Rep. of the Group of Governmental Experts on Transparency and Confidence - Building Measures in Outer Space Activities, U. N. Doc. A/68/189（2013）.

[48]　UN Res. 74/67, Transparency and confidence - building measures in outer space activities, U N Doc. A/RES/74/67（12 December 2019）.

[49]　P. Martinez, R. Crowther, S. Marchisio, G. Brachet, Criteria for developing and testing Transparency and Confidence - Building Measures（TCBMs）for outer space activities, Space Policy （2014）, 1 - 7；see also J. Robinson, Space Transparency and Confidence - Building Measures, in KU Schrogl, P . Hays, J. Robinson, D. Moura, C. Giannopapa（eds）, Handbook of Space Security, Springer, 2015, 291 - 297.

[50]　B. Weeden, The Evolution of Space Rendezvous ⋯ op. cit., United Nations Disarmament Conference, New York, April 12, 2019.

[51]　CONFERS: https: //www. satelliteconfers. org/about - us/；see also A. S. Martin, S. Freeland, Food for Thought: Relevant Legal Standards for On - Orbit Servicing Missions and Rendezvous and Proximity Operations, ZLW 69, 2（2020）, 308 - 327.

［52］　CONFERS Guiding Principles（updated Nov. 2018）：https：//www. satelliteconfers. org/wp - content/uploads/2018/11/CONFERS - Guiding - Principles _ 7Nov18. pdf.

［53］　CONFERS Recommended Design and Operational Practices（updated Oct. 2019）：https：// www. satelliteconfers. org/wp - content/uploads/2019/10/CONFERS _ Operating _ Practices. pdf.

［54］　CONFERS On - Orbit Servicing Mission Phases（updated Oct. 2019）：https：//www. satelliteconfers. org/wp - content/uploads/2019/10/OOS _ Mission _ Phases. pdf.

第 2 章　在轨服务风险管理与保险

摘　要　在轨服务（OOS）的概念长期以来一直存在于航天工业中。20 年前，它们的初始尝试相当成功，但随后在商业活动方面出现了长期停滞。在这段时间里，相关技术有了实质性的发展，特别是机器人技术方面。随后的试验也展现出了巨大的成功和日益成熟的技术。然而，目前其他方面的形势显然也发生了改变，其中包括空间碎片的大量产生、空间轨道资源的迅速减少以及空间商业模式的转变，这些都需要采取更加灵活的方式。然而，所有这些都不仅仅是卫星运营商关心的问题；政府监管者和政策制定者也参与了进来，在轨服务已成为在全球层面实现促进空间可持续性发展目标的工具之一。所有这一切都与保险行业相关，没有融资就没有航天任务，没有保险就没有融资，应该不足为奇。众所周知，保险公司从一开始就陪伴着航天企业。不过，它们的特殊作用并不限于支持融资计划。毫无疑问，保险业在风险管理过程中扮演着至关重要的角色，因为它最早开发了风险管理概念和工具，并随后应用于所有行业。在轨服务领域也是如此。实际上，可能会出现一个非常有趣的反馈循环，即在轨服务和保险市场相互提供新的可能性。作者试图探索新型空间活动在促进空间可持续性发展的同时，与保险行业的相互作用。如今，OOS 在商业上似乎是一个新兴的概念，受到了来自航天工业和航天国家的满怀希望和热情的关注。这个想法的潜力是巨大的，因为它至少可以解决许多敏感问题中的一部分，空间碎片是其中最重要的一个。这不仅需要可靠的技术，管理和法律方面也应给予高度的重视。有鉴于此，本章将聚焦于风险管理和保险方面。因此，本章的目的不是讨论在轨服务的技术可能性，也不是提供详细的风险评估，而是侧重于风险管理，尤其是保险。

2.1　引言

在轨服务（OOS）的概念长期以来一直存在于航天工业中。20 年前，它们的初始尝试相当成功，但随后在商业活动方面出现了长期停滞[1]。在这段时间里，相关技术有了实质性的发展，特别是机器人技术方面；随后的试验也展现出了巨大的成功和日益成熟的技术，例如已用于满足国际空间站相关试验的需求。目前，其他方面的形势显然也发生了改变，其中包括空间碎片的大量产生、空间轨道资源[2]的迅速减少以及空间商业模式的转变，这些都需要采取更加灵活的方式。然而，所有这些都不仅仅是卫星运营商关心的问题；政府监管者和政策制定者也参与了进来，OOS 已成为在全球层面实现促进空间可持续性发展目标的工具之一。

所有这一切都与保险行业相关，没有融资就没有航天任务，没有保险就没有融资，已不足为奇。众所周知，保险公司从一开始就陪伴着航天企业，1965 年就实现了首次承保（尽管只针对发射前阶段）。不过，它们的特殊作用并不限于支持融资计划。毫无疑问，保险业在风险管理过程中扮演着至关重要的角色，因为它最早开发了风险管理概念和工具，并随后应用于所有行业。在轨服务领域也是如此。一方面，在轨服务需要在财产损害和第三方责任方面得到保护。这一理念既源于融资计划的商业需求，也源于作为风险管理措施之一的强制第三方责任保险（TPL）的国家监管措施。另一方面，在轨服务不仅给保险公司承保新的超危险活动带来了挑战，而且有可能成为瞬息万变的空间保险市场的新驱动力。它能影响承保范围，带来从全险到指定风险保险的模式改变，涉及计算损失公式的新概念，包括卫星救援条款和许多其他概念，这些概念可能使空间保险更接近"普通"保险业务，使更多的保险公司更能负担得起，从而使更多的卫星运营商更能负担得起。实际上，可能会出现一个非常有趣的反馈回路，即在轨服务和保险市场相互协作，产生新的可能性。作者试图探索新型空间活动在促进可持续发展的同时，与保险的相互作用。

如今，OOS 在商业上似乎是一个新兴的概念，受到了来自航天工业和航天国家的满怀希望和热情的关注。这个想法的潜力是巨大的，因为它至少可以解决许多敏感问题中的一部分，空间碎片是其中最重要的一个。这不仅需要可靠的技术，管理和法律方面也应给予高度的重视。有鉴于此，本章将聚焦于风险管理和保险方面。本章不涉及讨论在轨服务的技术可能性，也没有提供详细的风险评估，而是将重点放在风险管理，尤其是保险方面。本章的内容包括实施业务/管理缓解技术的可能性方面，识别与在轨服务相关的风险并对风险管理的保险方面进行分析；还将阐述在轨服务对保险行业的影响和空间风险的可保性。

2.2 在轨服务风险

2.2.1 OOS 技术背景与风险

目前尚无既定术语可用于讨论在轨服务的统一背景。OOS 被描述为"由空间飞行器进行的在轨活动，对另一驻留空间物体进行近距离检查，或对其进行有意和有益的改变"[3]，或"利用另一航天器对卫星进行在轨改变或对其轨道进行初次发射之后的改变。例子包括将卫星重新定位到新的轨道、加油、修理损坏部件、更换部件、部署那些在发射后未能成功部署的系统，以及清理组件"[4]。从任务阶段的角度逐步分析 OOS，包括发射服务空间飞行器、绕轨道运行（轨道机动）、与目标卫星接触（或至少在近距离接触）、自主交会对接，最后可能是离轨。至于维修行动，可能包括机器人操作、改装、加油、消耗品补充、修理、升级或纠正机械故障和装配。根据所采用的方法，目标卫星可能是合作的或非合作的，这取决于其技术特征，如对接和传输信息的可能性[5]。关于在轨服务的益处，可能的范围包括非接触支持（主要包括检查或无线支持）、轨道修正和维护（如重新定位等）、建造新的空间物体、延长现有卫星的寿命、恢复其功能和盈利能力，以及碎片减缓[6]。由此可以清楚地看出，OOS 包括一系列已知的空间活动，以及那些全新的、在风险管理措施中必须加以考虑的活动。然而，在这方面也要强调在轨服务任务仍然缺乏达到进行现实评估的临界规模[7]。虽然技术是关键，应该通过风险管理工具进行处理，但也应该对风险评估结果做出积极响应，并持续进行评估[8]。

在讨论风险管理时，首先要澄清的问题是风险的含义。似乎有必要把风险与危险的概念区分开来。后者是指潜在损失的原因和导致损失发生的因素，或增加损失严重程度的因素或影响风险的条件。在本章中，关于风险的定义，我们可以使用许多例子，例如《美国联邦行政法规汇编》（Code of Federal Regulations，CFR）中将风险描述为"对危险事件发生概率及其后果对人员或财产造成的危害同时进行度量的手段[9]。"识别危险、危险事件风险因素以及风险标的是有效风险管理和保险的第一步。

出于风险管理和保险分析的目的，风险可按照与受损对象相关的类别划分，即按财产和人员划分，相应地反映在财产风险和人身风险类别中。这包括与空间项目有关的财产（即卫星、运载火箭、地面设施）以及第三方财产，如船舶和飞机（在发射过程中发生碰撞），或空间物体撞击地面时的任何其他财产的损失、损坏或破坏，其中包括相应的利润损失和纯粹的经济损失[10]。对人员的损害考虑了载人航天飞行、以其他方式参与空间活动的人员（如发射设施工作人员）以及无辜的旁观者[11]。

简单地谈谈空间风险的特点和潜在的危害，它们主要与"地球大气层以外任何可能对人或财产造成伤害的东西"有关[12]。显然，与空间作业有关的风险不局限于宇宙威胁，还包括可能发生在地球上的威胁。法律条款和合同惯例中对空间活动的管理所采取的普遍做法支持了这一点[13]。考虑到构成潜在危险的各种威胁，OOS 应该与极端危险活动保持在同一类别；这一与众不同的类别是技术、人类和自然危险的混合体。最明显的威胁是执行空间任务所必须使用的与推进剂有关的技术，转化为动能，达到高速并在穿越大气层时遇到巨大的摩擦[14]。发射阶段与推进剂泄露有关的任何事故都会导致爆炸、碎片、火灾和有毒蒸气云，尽管上述情况的严重程度也取决于推进剂的类型。根据具体情况，上述某些危险可能相互竞争或相互排斥，这取决于飞行器设计、事故地点、附近的人员和财产、故障模式、推进剂类型和数量以及环境条件。这些危险出现的概率是动态的，在空间任务各个阶段也是变化的。

卫星运行阶段面临许多风险，这些风险并非以成功发射而告终，而是从那时起才真正开始，一直持续到卫星发挥功能为止，甚至在此后，离轨的义务和重返大气层的风险都会受到质疑。而且，卫星始终暴露在环境危害之中，正如我们所知，外层空间的行动是在极端环境条件下进行的，危险是无法避免的，只能在一定程度上加以缓解。外层空间的环境对卫星来说是一个不利的环境：极端温度、宇宙辐射和电磁场、真空等都对卫星的寿命及其功能（包括非定常变轨）提出了重大挑战[15]。即使技术不断进步，这一点也是无法改变的，因此人们不断增强对其的有效保护，卫星已经被设计成具有很强的抵御空间危险的能力。伦敦的劳合社（英国保险公司）在现实灾害情景（Realistic Disaster Scenarios，RDS）中列出了最常导致卫星受损的风险，其中包括四个潜在风险，即：异常大的、影响大多数卫星的太阳高能粒子事件；造成一类或若干类卫星对空间天气异常敏感的一般性缺陷；在一类或若干类卫星中造成不可预见故障的一般性缺陷；最后是与碎片相撞的一般性缺陷[16]。顺便说一句，上述损害无法避免的事实即为实施 OOS 的最重要原因之一（比如太阳能电池板退化等）[17]。

一个日益重要的危险是空间碎片，它可以在任何阶段影响空间任务。这些碎片可能是位于地球轨道上的空间碎片，甚至可能是在发射阶段因运载火箭抛弃的末端子级而产生的碎片。据估计，有 22000 多个符合碎片条件的物体被跟踪到[18]，即使与一小块碎片相撞，如果卫星不被摧毁，也可能被损坏，造成更多的碎片[19]。这类危险会给资产带来风险，包括航天器成本、运载火箭成本、保险和自有资本成本，以及第三方责任，纯财务风险，例如制造商的激励措施、合同义务和业务中断风险（运营和额外费用、收入损失等）。到目前为止，该领域应用的风险管理工具主要包括限制空间碎片的产生数量。主动碎片移除概念与 OOS 提供的可能性相互作用[20]。除此之外，在卫星运行阶段，还应考虑和区分新的类型的危险，这主要涉及故意干扰和网络攻击。毫无疑问，航天工业也面临着与任何商业活动有关的法律、政治、商业、运营和其他风险，但由于空间活动的跨界性质以及各国的高度参与，这些风险似乎比其他类型的商业活动更具有国际相关性。

应该强调的是，这些威胁并不是 OOS 特有的，而是所有类型的空间任务所特有的。也就是说，OOS 很可能会面临与"常规"太空活动类似的风险，只是"增加"了可能遭受损害的新类型航天器。由于 OOS 活动的机器人性质，我们可以假设，在总体风险评估中，人的风险不会起到实质性的作用（早期的 OOS 任务确实是在航天飞机和航天员的协助下完成的）[21]。就服务空间飞行器的风险影响而言，在轨风险的固有性质可能会与那些来自 OOS 操作的风险和目标卫星的特征有所不同。这方面的问题是，如果我们考虑到财产损失、收入损失或负债，每种风险是否具有实质性不同的类型，从而改变任何风险管理模式？这个问题应该由工程师来回答，这样，风险管理者就可以采取适当的措施。

更详细地分析 OOS 所涉及的风险，应该区分两个方面：从被服务卫星的角度来看，以及与在轨服务任务有关的风险来看。虽然这两个方面的大多数风险似乎是相似的，并且得到了很好的承认，但当然也有那些在没有 OOS 应用的情况下不会每天出现的风险。因此，为了分析这一问题，应分别确认与常规在轨卫星运行有关的风险和与在轨服务有关的风险。这一点对于保险范围来说，似乎也很重要。就责任风险而言，保险范围分别涉及目标卫星、OOS 航天器和可能的 OOS 任务。这一部分反映了保险公司提供的保险种类。分析与卫星常规运行有关的风险也是证明 OOS 在航天工业的未来将不可或缺的最佳证据之一。

值得注意的是，每一个空间行为体在在轨卫星运行方面面临的风险略有不同，这意味着每一个行为体会从稍微不同的角度来看待问题。卫星运营商的风险涉及资产、收入、支出和负债，所有这些风险都集中在在轨阶段。卫星制造商在制造过程中面临风险，直至卫星合法转让给运营商，面临的风险包括资产、负债、费用和财务激励，这取决于与客户的合同。发射服务提供商承担重新发射的责任和义务（根据重新发射保证）。即使是这一匡算也表明，尽管在空间项目的不同阶段有不同的作用和直接暴露，在进入轨道前的任何阶段的不良表现的后果都将会在在轨阶段累积起来。因此，空间行为者中的每一方都可能对应用 OOS 感兴趣，即使只是为了保护他们非常特殊的商业利益。除此之外，他们有着共同的利益，尽管主要的压力肯定来自决策者，如联合国、空间机构以及学术界等。这不仅与对外层空间所代表的"遗产"（'heritage'）的共同信仰有关，而且也与发射国最终承担的责任有关。

2.2.2　OOS 法律背景与风险

虽然本章没有集中讨论 OOS 的法律问题，但这一方面是无法完全回避的。法律背景对风险管理和保险非常重要，原因有几个：虽然风险及其管理属于经济学和管理学的范畴，但毫无疑问，法律也会影响风险问题本身[22]。这一点可以首先通过强制规定一项义务，即将采取技术措施来避免或减轻风险作为许可证发放的先决条件，而许可证本身被视为一个风险因素[23]；其次，通过将风险分配给特定实体来实现。因此，在技术措施不足以避免损害或没有适当适用的情况下，空间法可以规定对相关方（称为第二方）或第三方遭受的损害进行赔偿的法律义务[24]。它也可以排除或限制责任。在法定的基础上进行这种分配的方式（例如法国和美国），是一种明显的法律性质的风险管理工具。因此，它对保险有影响，即保险利益和适用的保险范围类型[25]。

关于 OOS，毫无疑问，两个方面的事宜都需要解决，即技术要求成为许可过程的一部分[26]和责任制度。应该解决的问题是目前采取的措施对于解决 OOS 空间活动在这两个方面遇到问题是否足够，或者是否必须采用新概念。这一课题当然需要深入分析，并已列入一些学术研究项目[27]。应在横向基础上进行评估，包括频谱问题（因为 OOS 可能不需要轨位）、出口管制要求和障碍（数据的限制传输）、知识产权保护等。关于赔偿责任制度，将在轨阶段基于过错的制度转变为基于风险的制度的概念越来越多[28]。迄今为止，在现有制度下，OOS 似乎只是一种空间活动，正如大多数国家空间法所定义的那样，损害的责任本质上是基于过错的，因为核心操作是在轨道上执行。这是在具体的空间法规和授权要求中包含空间活动定义的结果[29]，这些定义主要是对"上游"部门，这也是 OOS 不可避免地要受到的监管。然而，人们怀疑现行制度是否符合 OOS 的特点，无论是在许可层面还是在责任制度方面。构建这两个方面的方式是风险管理过程的一部分，就保险公司的风险敞口而言，这将对 OOS 相关风险的保险产生影响，例如，这可能包括在轨阶段第三方责任险的强制性质，现在甚至还没有相关规则。就保险行业而言，既然保险公司要参与 OOS，在法律层面势必带来保险公司的许可问题。现有制度是否足够，是否应该有一些"法律激励"？

我们知道，相关的法律制度主要是在《外空条约》（OST）的架构中建立的，规定缔约国在授权和监督空间活动方面的国际责任，从而发射国对其进行空间活动的空间物体所造成的损害承担赔偿责任。关于国家承担国际责任的这一基本原则后来在《责任公约》（LC）中得到澄清。根据 LC 第二条，发射国对空间物体造成的损害负有国际赔偿责任。如果损害是空间物体在地球表面造成的或是对飞行中的飞机造成的，则赔偿责任是绝对的

（不论是否有过错证明）。如果对外层空间中的另一空间物体造成损害（LC第三条），只有由于发射国或其国民的过错造成损害时，发射国才承担赔偿责任。OST和LC在国际层面上规范了责任风险的管理。缔约国应尽可能以更准确的方式将该规定纳入本国法律。国家法律的作用对于有效保护公共安全、财产和环境至关重要。它不仅与履行发射国的国际义务有关[30]，而且是强加给空间运营商的唯一可执行工具。外层空间的环境保护问题在空间碎片方面变得特别重要。虽然很难在国际层面上实施新的具有约束力的措施，但应由各国采取相应的立法来满足可持续性发展的需要。它需要将重点从认为责任制度仅仅是一种补偿性手段转移到强调它的预防性影响[31]。在这一点上，监管风险管理的权力似乎是不言而喻的。

对空间活动中的风险分配进行分析对管理这些活动非常有帮助，需要根据参与发射作业的实体的标准对风险进行分类，根据这些标准有第一方、第二方和第三方风险。第三方风险可以很容易地从法律的角度来定义，并受到国家和国际立法的约束，以确保对空间活动受害者的最佳保护。以合同形式确定第三方风险分配的可能性是有限的，可能只在合同当事人之间有效，而无辜和无关的受害人则受到国际和国家（颁布的地方）法律的严格规定的保护。第三方风险受到法律强制性规定的管制，这些规定主要源于外空条约（即LC和OST），并在几乎所有管制空间商业活动的国家法律中实施。毫无疑问，政府对空间活动的管制与保护第三方免受由此造成损害的风险的需要有着内在的联系，以及有必要建立一种机制，对从空间活动中获利的实体规定责任和赔偿责任[32]，以便发射国政府有可能转移外空条约强加给该国的损害赔偿责任的财政负担。空间项目中的第二方风险（second party risk）是在空间任务参与者彼此之间的责任范围内考虑的。这类风险涉及相关各方并主要受法律和合同规定的约束[33]；但必须强调的是，这是一种广义的理解。除缔约方外，第二方风险通常还涉及政府，即使政府不直接参与空间活动，也面临风险[34]。第二方风险的识别，尽管在一定程度上依赖于国家法律的规定，将主要来源于运营的组织结构，包括所有权问题，以及所有当事人之间的合同关系[35]。与此相反，"第一方风险"（first party risks）通常是由空间操作各方各自承担的风险，即各方都承担损失其自身财产的风险以及由此产生的所有后果，不能通过合同责任条款或侵权索赔将其转移给空间项目的其他方，从而大大限制了第二方风险的范围。

风险分担的契约制度由当事人之间的免责条款、附带的免责条款和共同适用的延伸条款构成。这主要源于标准合同，因为除了极少数例外（美国和法国），国际和国家法律法规不规范风险分配方案[36]。由于上述风险分配制度，第二方风险在合同或监管基础上得到了实质性缓解，而非保险。缔约方之间的责任问题是OOS操作的关键问题之一。将出现一种全新的合同关系，这种合同关系的风险敞口是前所未有的。交叉豁免仍然是最好的解决方案吗？如果不是，可能会导致对空间活动的新型保险的需求。

综上所述，风险管理应是一项涵盖整个项目生命周期并考虑所有利益相关者观点的综合活动。因此，包括保险公司和资本提供者在内的所有人都应参与这一过程，项目经理因此能够在识别可接受和不可接受的风险以及缓解的可能性的基础上做出更明智的决定[37]。

2.3　以保险作为在轨服务风险管理工具

众所周知，保险是最古老和最发达的风险管理工具之一。毫无疑问，保险公司开发的风险评估方法作为其核心承保任务的一部分，如今已成为日常业务中常规风险管理的一种模式。从早期航天事业开始，保险就涵盖了航天任务的所有阶段，即从制造过程开始，直到进入在轨阶段。航天保险公司也是航天工程师，他们已经开发了一种独特的保险类型，可以被视为对行业发展的威慑[38]。根据全险概念，航天保险是各种保险的混合体[39]。有效的保险是许多融资计划的先决条件，因为它被视为危险的商业空间活动的稳定因素[40]；甚至对各国政府和欧盟来说，尽管成本高昂，空间项目的外部融资和保险正成为风险管理的一个日益重要的工具[41]。空间风险保险往往是整个空间任务融资计划的一部分[42]。

空间保险是保险法的一个高度专业化的分支；从监管的角度来看，它似乎仍然是保险市场上的一种新鲜事物。以欧盟的法律做法为例，其没有明确规定空间风险，空间风险暂时只能归类为一种运输保险[43]。另一个问题是，空间第三方责任保险是否符合航空第三者责任保险的特点，因为《责任公约》中确立了特定的责任制度，使得空间第三方责任保险与航空运输中涉及的责任有很大的不同。然而，根据 Directive 2009/138/EC（第 13 条第 27 款）对大型风险的定义，在每一种情况下，空间保险似乎都应被归类为大型风险保险[44]。它指的是保单持有人的风险类型和特征，很明显，大多数卫星发射/运营商都满足后一种先决条件[45]，而且空间风险可能被认定为运输风险。保险法中没有空间保险和空间风险的定义，因此空间保险合同在风险标的物及其特征方面必须依赖空间法规和合同惯例。

在讨论 OOS 保险时，不能将其孤立于整个风险管理过程之外，而必须将其作为过程固有的一部分[46]。它应从查明损失原因，预测未来损失的频率、概率和严重程度，制订缓解计划，进行成本效益分析，实施损失控制方案开始。它包括绘制风险图（包括本章第2.2 节概述的风险），然后选择适当的风险降低方法（技术分析、质量控制等）、风险规避方法（IOT 方案、风险缓解）和风险转移方法（保险或非保险转移给第三方）；最后，对结果进行系统控制[47]。还应从各种风险管理的角度分析 OOS 的潜力，包括评估使用通用功能或特定功能（包括内置冗余）可以在多大程度上管理风险[48]。在这方面，有几个方面的事宜需要考虑，保险公司也提出了问题[49]，例如 "OOS 是否有助于避免保险索赔？谁将从中受益？谁应该为此支付费用？谁有权批准一项服务任务？最后，保险公司是否会以不同的方式承保一颗减少了冗余组件但与在轨服务合作的卫星[50]？" 所有这些问题导致人们普遍相信 OOS 具有 "改变游戏规则的创新" 的潜力，因为保险公司支付的大部分款项都是由于组件故障、部署问题或失效资源（燃料、太阳能电池阵列/电池故障）造成的[51]。

保险公司已开发出空间风险评估因素系数的顶级专业知识。但是，它们很可能会受到 OOS 的影响，需要修正。这一预判既有技术因素，也涉及法律背景，如本章第 2.2 节所述。除此之外，还涉及保险市场条件，尽管技术进步，但波动性并未改善（导致一些保险公司放弃航天保险承保）[52]。在第一阶段，它甚至可能增加航天保险承保的个性化方法需求；通常情况下，这种方法的风险覆盖范围是量身定制的；但从长期来看，标准化显然更受欢迎[53]。航天保险的风险评估是以"技术工程分析"为基础的，而不是典型的风险测量和统计方法[54]。这种情况是由于高价值的风险数量少，即发射和卫星的数量有限，难以得到真正有意义的统计数据，再加上运载火箭和卫星的种类繁多，从而进一步缩小了根据概率规则采取行动的可能性[55]。在由保险实践和保险理论发展起来的可保险性的常规标准下，这一问题涉及空间风险可保性的更广泛的方面[56]。

保险市场的做法是根据航天工程的不同阶段对空间风险进行划分，区分了"发射""在轨前期"和"在轨"保险[57]。这是因为航天任务的每个后续阶段的风险在暴露程度上都有很大的不同（最大的风险是在发射期间和发射后的头两个月，统计上占总损失的10％，占全部损失的36％）[58]。承保时间和承保范围也不同[59]。第一阶段，发射保险合同承保一年至五年。第二阶段和最后一阶段覆盖了10~15年的在轨寿命，此时卫星的价值大幅下降，不代表账面价值。延长卫星寿命为进一步的保险覆盖创造了可能，尽管卫星的寿命已经很长，但它的运行价值依然存在。专业的空间保险公司确实为典型的空间风险提供综合保险，即为发射、在轨早期和在轨阶段提供综合保险。构建航天综合保险产品的原因是很难区分空间运行的后续阶段，而且根据保单措辞，更难发现承保风险发生时刻和损失显现的时刻[60]。

除上述情况外，还对财产（第一方风险）和第三方责任进行了经典划分，其中第三方责任通常是国家授权制度下的一种强制性保险，与国家承担的国家航天企业空间活动责任转移的需要无关。第二方保险在运输保险中称为（对乘客或其他缔约方的）责任保险，但在空间保险部门并不存在，这主要是由于空间飞行任务参与者之间在航天工业中普遍适用交叉豁免；此外，还因为《责任公约》缺乏对第二方责任的规定[61]。第三方空间责任保险是一种强制性保险，是法律中专门针对空间保险规定的少数几个方面之一。然而，保险义务并非源于国际法，在国际法中，条约对保险只字未提，仅限于对发射国规定的责任规则。事实上，只有联合国决议建议在国家空间法中规范强制性第三方责任保险。因此，航天国家颁布的国内空间法中规定了保险义务，其目的之一是确保国家对国家实体进行的空间活动承担国际责任[62]。在一些国家，法律没有明确反映保险义务，但这是获得空间活动许可证的一个条件。目前，投保义务被视为国家空间立法的一项重要内容，并出现在所有关于协调国内空间法的提案中[63]。还可以指出，所有关于空间活动的新法律都明确规定了投保可能造成损害的风险的义务由第三方支持[64]。

我们也希望它能通过降低财产和收入损失的风险敞口，对财产损失保险产生积极影响。考虑到空间保险合同的上述特点以及 OOS 活动的性质，这种相互作用可以从几个方面来看。根据技术和法律成果的不同，可能会出现一种新的风险，例如第二方风险（合同责任）和第三方责任范式向基于风险的责任转变。OOS 还可能影响空间保险合同的某些特定特征，使保险人能够更好地控制风险敞口。至少，有可能操作 OOS 航天器检查卫星，这可能会对损失调整产生影响。更容易评估故障是否是永久性的或者可以被维修。其他保险的后果是引入损失评估类型的新标准的可能性，考虑到有可能通过 OOS 航天器恢复卫星的服务，这降低了全损或 TCL 在 PD 和 BI 方面的风险。然而，毫无疑问，新的风险将会出现，这与航天器损坏卫星的可能性有关。这意味着需要评估 PD（承保）的风险以及责任（第二方和第三方风险）。在后一种情况下，这一点也需要在 OOS 合同或其他安排中加以解决（这取决于谁将参与，私营运营商或政府）。

通过分析当前空间保险政策的最具体条款，可以看出 OOS 的覆盖范围似乎会对以下方面产生影响：1）减轻损害；2）在轨阶段保险的风险评估；3）在追索行动方面更有可能发现损害的原因（其中涉及其他的运营者，即破坏性碎片的所有者的责任）；4）将保险模式从全险改为指定风险保险；5）减少灾难性损失或 TCL 的数量，这是由于更好的损失检测以及修复损坏的可能性。我们必须明白，没有一个上述问题的单一解决方案能够适合各方，特别是在出现不同技术方法的情况下（与卫星对接或不对接）。

如上所述，空间保险是以全险的概念为基础的，即保险合同中描述和定义的所有故障和损失都包括在内，在没有提及此类损失的原因的情况下[65]，OOS 可能会导致这一规则发生变化，可以建议覆盖指定的风险——尽管全险保险规定了某些除外责任；但在实践中，空间保险只能规定可从地球追踪的除外责任。由于可以对损失原因进行检查，这种情况可能会发生重大变化。出于同样的原因，风险评估将更加容易，从而有可能导致"约定价值"空间保险政策[66]变为更为传统的政策，其中损失的计算基于实际情况，并在 OOS 航天器的帮助下进行检查。预防措施也是如此，在损失发生前和保险事故发生后采取减轻损失的措施会容易得多。因此，通过实施 OOS，可以避免损失（例如，通过服务空间飞行器到达适当的轨道），或者以避免部分和全部建设性损失的方式来减轻损失。最后，至少有现场检查，即损失的证明（或者相反，由于不包括的风险造成的损失的证明）。由于 OOS 有助于延长卫星的寿命，它还可能导致保险期的延长。现在，市场惯例是把保险期限限制在入轨后的第一年。加上卫星资产，对由卫星产生的收入损失的保险将在更长的时期内产生意义。所有这些都有助于稳定动荡的空间保险市场（随着承保风险的不断增加，大数定律将更容易适用，这将惠及整个市场）。

另一个已经在实践中取得成功并越来越值得考虑的问题是，保险公司是否可以挽救卫星。虽然根据空间法（国际和国内）救援是有问题的，但根据空间保险，救援是根据保险单的明确条款运作的[67]。就保险人的风险敞口而言，救援可能会影响特定的保险合同，尽管也可以在更广的范围内对其进行分析，涉及主动移除碎片。目前，还没有硬性法律，甚至没有软性法律准则，规定了救助卫星的义务。这方面的技术可能性可能与运营商承担的将失效航天器移出轨道的法律义务齐头并进。这反过来又可能对赔偿责任及其保险产生影响[68]。因为根据《外空条约》，各国保留其在空间中放置的一切物体的所有权，现行空间法不允许救援或回收材料。这是空间法可能发生变化的一个领域，尽管预计各国不会愿意放弃自己在轨道上的碎片的所有权。从监管和行业角度讨论救助问题将是有益的[69]。

空间第三方责任险与任何其他责任保险一样，与适用于特定企业的法律责任制度密切相关。航天行业和其他行业一样如此，与 OOS 相关的第三方责任险也将如此。这就是为什么责任保险的分析总是从提出责任制度开始。话虽如此，这方面的现状规定了《外空条约》和《责任公约》所规定的基本制度。此外，还有一些国家的法律旨在将第三方责任的负担转移到卫星运营商并规定国家和私营运营商之间的风险分担制度，这种制度通常也限制私营运营商的风险敞口，尽管与强制性第三方责任险或其他类似担保有关[70]。

第三方责任险的概念被定义为"赔偿被保险人因航天器发射前、发射和在轨运行而对第三方造成的人身伤害和/或财产损失而在法律上有义务支付的所有款项。"该保险的强制性取决于国内法规的形式（根据任务阶段的不同，可部分强制，其他部分不包括在强制性制度中）。监管机构要求的最高保险金额为 5 亿美元。第三方责任险保险公司可能会在碎片撞击的情况下（假设可以确定碎片的所有者）以及在与活动卫星碰撞的情况下（假设确认或证明了故障）做出回应。

2.4　结论

虽然本章只涉及风险及其管理的一般方面，但可以得出几个结论。尽管在轨服务是一个多年前就出现的概念，但在此期间发生的技术变化对其业务建模、监管方法和风险管理产生了影响。在许多例子中，我们可以提到人类因素的消除（或至少是限制）以及基于机器人的技术。同样由于这些原因，这一领域将对新空间风险投资更加开放。这反过来又意味着风险管理过程的改变，解决了大型成熟企业和初创企业的管理差异。然而，伴随着新的商业模式的出现，也有一些问题必须在全球范围内保持一致。这涉及一种综合风险管理方法，包括项目的所有阶段和所有利益相关者。保险公司自然也有自己的一席之地，它可以为风险映射提供有用的工具，甚至在通过保险保障整个项目的过程中也无需重复它们的价值。在轨服务也是决策者和监管者面临的一个挑战，即（至少）在许可证要求和责任制度中应用相关的风险管理逻辑。

在轨服务保险业务的设立对保险公司既有挑战，也有机遇。毫无疑问，将会出现新的危险和风险类型，这项技术的稳健性和可靠性尚未得到证实。这就意味着必须参与项目的设计阶段，而没有标准化的方法。另一方面，保险业可能会从法规中获利，例如规定了为在轨阶段和在轨服务任务本身投保的义务，以及将新空间业务纳入在轨项目的可能性可能意味着对保险范围的更多需求。所有这些都有助于减少航天保险市场的波动。最后，在轨服务的技术优势可能会改变空间保险政策条款的一些范例，限制保险公司的风险敞口。通过这些措施，航天保险市场将变得不那么动荡，更多的保险公司和运营商将更容易进入这个市场。

作　者　简　介

卡塔日娜·马利诺夫斯卡（Katarzyna Malinowska），博士，保险和空间法专家，华沙科兹明斯基大学教授，科兹明斯基大学（波兰）空间研究中心主任，同时是一名律师以及国际保险法协会波兰分会的主席。她经常在波兰以及国际会议上发言，还是多部保险和空间法方面书籍以及多篇文章的作者或合著者，同时担任空间、保险和金融法讲师。

参 考 文 献

[1] These concerns the successful Skylab Mission, Telescope Hubble as well as the recovery of the Palapa B2 and Westar 6 satellites. Frontiers of space risks. Natural Cosmic Hazards and Societal Challenges, ed. R. J. Wilman, Ch. J. Newman. Francis & Taylor Group 2018, p. 179. On – Orbit Satellite Servicing Study. Project Report, NASA Goddard Space Flight Center, October 2010, p. 16.

[2] M. J. Losekamm, et al., Legal and Political Implications of Future On – Orbit Servicing Missions, 66th International Astronautical Congress, Jerusalem, Israel. Copyright c 2015 by the Space Generation Advisory Council; R. Parker, On – orbit servicing—an insurer's perspective, Room 2/ 2015 (release 27.02.2015).

[3] J. P . Davis, J. P. Mayberry, J. P . Penn, On – orbit servicing: inspection, repair, refuel, upgrade, and assembly of satellites in space.

[4] S. A. Carioscia, B. A. Corbin, B. Lal, Roundtable Proceedings: Ways Forward for On – Orbit Servicing, Assembly, and Manufacturing (OSAM) of Spacecraft, 2018 Institute for Defense Analyses.

[5] The best example of a cooperative space object is the ISS; See also, for example, the project MEV (Vivisat by Orbital A TK and US Space; D. Benoussan, TeSeR—Technology for Sel – Removal of Spacecraft (Project under Horizon 2020 under grant agreement No. 687295), p. 13); J. P. Davis, J. P. Mayberry, J. P. Penn, On – orbit servicing: inspection, repair, refuel, upgrade, and assembly of satellites in space; On – Orbit Satellite Servicing Study. Project Report, NASA Goddard Space Flight Center, October 2010, p. 11.

[6] Ibid, p. 3; see also R. Reesman, Assurance through insurance and on – orbit servicing, The Aerospace Corporation 2018.

[7] P. Colmenarejo, M. Graziano, Towards Cost – Effective On – Orbit Servicing/ADR Using Modular and Standardized Approach, IAC – 19 – A6. 10/B4. 10 x 53000.

[8] W. Connley, Integrated Risk Management Approach within NASA Programs/Projects, https: // ntrs. nasa. gov/search. jsp; J. S. Perera, L. B. Johnson, The Risk Management for the International Space Station, Proceedings of Joint ESA – NASA Space Flight Safety Conference, ESTEC, Noordwijk 2002.

[9] See also E. Baranoff, who gives a similar definition relating risk to the consequences of uncertainty, as well as E. Vaughn: E. Vaughn, Fundamentals of Risk and Insurance, John Wiley & Sons, Inc. , 2008, p. 5; E. Baranoff, Enterprise and Individual Risk Management, Creative Commons 2012, p. 22 as well as D. M. Gerstein et al. , Developing a Risk Assessment Methodology for the National Aeronautics and Space Administration, 2016, Library of Congress, p. 7.

[10] Blassel P. , Space projects and the coverage of associated risks, The Geneva Papers on Risk and Insurance, Vol. 10, No. 35, 1985, p. 72—proposes another division, distinguishing separately:

loss of property, damage to property, a failure to achieve the proper orbit, a partial or total failure of the satellite or payload and a loss of revenues. However, according to the author, the above division includes damage as well as the risk from the occurrence of which the damage results.

[11]　In total, over 200 people have been killed by rocket explosions. Apart from the Challenger space shuttle, the majority of the accidents causing death occurred on the ground during the ground processing of the launch operation, or during re‐entry; S. R. Jakhu, T. Sgobba, P. S. Dempsey (2011), The need for an integrated Regulatory Regime for Aviation and Space, p. 13.

[12]　Ross S, Risk Management and Insurance industry perspective on cosmic hazards, in: Handbook of cosmic hazards and planetary defence, 2015, p. 2.

[13]　For example, the launch activities as proposed by the UN "shall be defined as those activities undertaken to place or try to place a launch vehicle and any payload in a suborbital trajectory, in Earth orbit in outer space, or otherwise in outer space. ".

[14]　Propellants are also used during the satellite operations stage, but in significantly lower quantities, which also lowers the probability of technology related failures. That is also why the risk related with the use of propellant decreases along with the flight time and the consumption of the propellants; A. Soucek, International Law in: Outer Space in Society, Politics and Law, A. Soucek, Ch. Brunner, Springer Wien New York 2011, p. 338.

[15]　In this respect, there are at least three types of radiation that are taken into account and which may vary, depending on the orbit. These are van Allen belts—captured by the Earth's magnetic field, particles sent by the sun during solar storms and galactic cosmic rays; Kleiman J. , Lamie J. K. , Carminati M. ‐ V. , The law of spaceflight, A guidebook for new space lawyers, 2012, p. 20; Pelton J. , Satellite communications, Springer Science & Business Media, Arlington 2011, p. 30. ; also A. Soucek, International Law in: Outer Space in Society, Politics and Law, A. Soucek, Ch. Brunner, 2011, p. 337.

[16]　M. Williamson, Commercial Space Risks, Spacecraft Insurance and the Fragile Frontier, in: Frontiers of space risks. Natural Cosmic Hazards and Societal Challenges, ed. R. J. Wilman, Ch. J. Newman. Francis & Taylor Group 2018, p. 149.

[17]　M. Hapgood, Space weather, in: Frontiers of space risks. Natural Cosmic Hazards and Societal Challenges, ed. R. J. Wilman, Ch. J. Newman. Francis & Taylor Group 2018, pp. 38‐49.

[18]　ESA 2015, CLEANSA T: New satellite technologies for cleaner low orbits.

[19]　This is known as the Kessler syndrome (space‐asset destructive chain reaction) following the name of a NASA expert Donald Kessler, who in 1978 first discussed the potential of orbital debris becoming self‐perpetuating. It was concluded that collisions of satellites and spent rocket bodies would eventually form the dominant source of orbital debris in LEO. It was predicted that debris from collisions would collide with other satellites and rocket bodies and create even more debris. As a result of this chain reaction, the risk to satellites in certain regions of space would increase exponentially over time, even without further launches into those regions. In a 1991 paper, Kessler used the term "collisional cascading" to describe this process. This has created the widely used term "Kessler syndrome"; see for example EU (2013) MEMO/13/149.

[20]　C. Colombo, F. Letizia, M. Trisolini, H. Lewis, Space Debris, in: Frontiers of space risks.

Natural Cosmic Hazards and Societal Challenges, ed. R. J. Wilman, Ch. J. Newman. Francis & Taylor Group 2018, pp. 112 – 120.

[21] On – Orbit Satellite Servicing Study. Project Report, NASA Goddard Space Flight Center, October 2010, p. 25.

[22] Risk management for the purposes of space projects is used in the meaning adopted by IAASS: "Risk management is a systematic and logical process to identify hazards and control the risks they pose." One of the important reasons for adopting space law in general, is the authorisation of space activities, during which the states have a chance to verify the technical tools adopted by space entrepreneurs, and during the continuing supervision of space activities to check the application of the measures accepted at the authorisation stage.

[23] M. Laisne, Space Entrepreneurs: Business Strategy, Risk, Law and Policy in the Final Frontier, 46 J. Marshall Law Review 1039 (2013), Issue 4. H. Brettle, J. Forshaw, J. Auburn, C. Blackerby, N. Okada, Towards future Debris Removal Service: Evolution of an ADR Business Model, IAC – 19, A6, 10 – B4.

[24] The concept of second and third party risk reflects the potential liability to related (second) parties or (unrelated) third parties. The circle of 'related parties' is defined in a broad way and it includes the whole chain of contractors and subcontractors, where the main criterion is the involvement of an entity in the same space project. From this point of view, also the states are usually included in the notion of the second party, due to the ownership of the space port facilities, ownership of the space object to be launched into outer space, or simply by the international responsibility imposed by OST.

[25] The system of allocating risk in space activities requires applying the criteria of the entities involved in the launch operations, according to which there are first party, second party and third party risks. See also Mendes de Leon P., van Traa H., The practice of shared responsibility and Liability in Space Law, Amsterdam Center for International Law, Shares Research Paper 70, 2015, pp. 19 – 23, available at www. sharesproject. nl, accessed 18 August 2016.

[26] Looking only at the UKSA requirements on risk assessment of quantitative and qualitative nature, where the technical and risk mitigation requirements are explained in detail: https://www. gov. uk/ guidance/apply – for – a – license – under – the – outer – space – act – 1986, accessed on 7 March 2020; see also T. Harris, K. Memon, G. Glasgow, In – orbit risk assessment in the era of New Space, First International Orbital Debris Conference 2019.

[27] M. J. Losekamm, et al., Legal and Political Implications of Future On – Orbit Servicing Missions, 66th International Astronautical Congress, Jerusalem, Israel. Copyright c 2015 by the Space Generation Advisory Council.

[28] M. J. Losekamm, et al., Legal and Political Implications of Future On – Orbit Servicing Missions, 66th International Astronautical Congress, Jerusalem, Israel. Copyright c 2015 by the Space Generation Advisory Council. C. Santos, M. Rhimbassen, On Orbit Servicing as Space Resource Liability Challenges, http://chaire – sirius. eu/wp – content/uploads/2018/11/ppt – 6 – nov – OOS – liability. pdf, access 28 February 2020.

[29] Which in turn are activities that are inherently and strictly related to the environment of outer space in a functional approach, i. e. which are conducted after leaving the ground with the aim of reaching a

level of space not reachable by conventional aircraft.

［30］ Dempsey P. S. , National Laws Governing Commercial Space Activities: Legislation, Regulation, & Enforcement, in Northwestern Journal of International Law & Business, vol. 36, 2016, p. 19.

［31］ See more on the 'compensatory logic and preventive logic' of the liability for environmental damages—the view expressed in the ICJ Judgement Hungary v Slovakia, CJ Reports 1997, 78, para 140 in: W. Munders, Active Debris Removal, International Environmental law and the Collective Management of Risk: Foundations of an International System for Space Traffic Management, Working Paper No. 200—April 2018.

［32］ Kerrest A. , UN Treaties on outer space, L. C. and licensing regimes, in: Actions at national level, UN Korea Workshop, pp. 236 - 249.

［33］ A similar context of second party risks was presented by Prof T. Tanja Masson - Zwaan—Liability & insurance in air & space law: Regulation of suborbital flights in Europe—ICAO/UNOOSA Aerospace Symposium, Montreal Canada, 18 - 20 March 2015.

［34］ Hermida, J. , Commercial Space Launch Services Contracts in France and the United States of America, Rev. dr. unif. 2004 - 3, p. 541.

［35］ See also Kayser V. , Launching Space Objects: Issues of Liability and Future Prospects, in Space Regulations Library, vol. 1, Kluwer Academic Publishers, New York, Boston, Dordrecht, London, Moscow 2001, pp. 7 - 8.

［36］ Beer T, Launch services agreements—anything new, Launch services agreement, in: Project 2001, Legal Framework for the Commercial Use of Outer Space: Karl - Heinz Böckstiegel (Ed.); Carl Heymans Verlag, Cologne, 2002, p. 129.

［37］ W. Connley, Integrated Risk Management Approach within NASA Programs/Projects, https: // ntrs. nasa. gov/search. jsp; More on risk - informed decision making—D. M. Gerstein et al. , Developing a Risk Assessment Methodology for the National Aeronautics and Space Administration, 2016, Library of Congress, pp. 15 and 58 et subsq.

［38］ This function of insurance is not specific in the space industry but in many others innovative ventures. M. Laisne, Space Entrepreneurs: Business Strategy, Risk, Law and Policy in the Final Frontier, 46 J. Marshall Law Review 1039 (2013), Issue 4.

［39］ K. Malinowska, Space Insurance. International Legal Aspects, Kluwer 2017, p. 287. AON, Space Q1 2020 market report.

［40］ Meredith P. , Space insurance Law—with a Special Focus on Satellite Launch and In - Orbit Policies—the Air & Space Lawyer Volume 21, No. 4, 2008; Diederiks - Verschoor I. H. P. , Financing and insurance aspects of spacecraft, J. S. L vol. 24, Nos. 1 & 2, 1996, p. 99 et seq.

［41］ Insurance coverage constitutes a third cost of the space project; Harrington A. J. , Legal and Regulatory Challenges to Leveraging Insurance for Commercial Space—31st Space Symposium, Technical Track, Colorado Springs, Colorado, United States of America Presented on 13 - 14 April 2015; Sundahl, M. , Financing Space Ventures in: Handbook of space law, 2015, p. 875.

［42］ The first space insurance contract was concluded in 1965 for COMSAT's Early Bird satellite with coverage of pre - launch insurance and third party liability insurance, written by marine insurers; The coverage of launch and in - orbit risks began in 1968 with insuring an Intelsat fleet of satellites; See

Iridium report of 2015 and Catalano Sgrosso G. , Insurance Implications About Commercial and Industrial Activities in Outer Space—Citation: 36 Proc. On L. Outer Space 187, 1993, p. 192. Reeth van G. , Space and Insurance, International Business Law, vol. 12, 1984, p. 127; B. Pagnanelli, Tracking take - off of space insurance, 2007; www. pagnanellirs. com/downloads/ id281107. pdf, accessed 27 August 2016; Kuskuvelis I. I. , The space risk and commercial space insurance, Space Policy, May 1993—different (stated that it covered also launch insurance).

[43]　See appendix 1 to the Solvency II Directive, 2009/138/EC.

[44]　Catalano Sgrosso, G. , International Space Law, 2011, p. 500.

[45]　i. e. When the limits of at least two of the following criteria are exceeded: a balance - sheet total of EUR 6. 2 million; a net turnover, within the meaning of Fourth Council Directive 78/660/EEC of 25 July 1978 based on Article 54 (3) (g) of the Treaty on the annual accounts of certain types of companies, of EUR 12. 8 million; an average number of 250 employees during financial year. More about the criteria of large risks, Kropka M. , Kolizyjnoprawna regulacja umowy ubezpieczenia wrozporz adzeniu Rzym I, 2010, pp. 128 - 139.

[46]　For example, R. Parker, On - orbit satellite servicing—an insurer's perspective, Room 2/27/15.

[47]　E. Baranoff, Enterprise and Individual Risk Management, Creative Commons 2012, p. 148, Frontiers of space risks. Natural Cosmic Hazards and Societal Challenges, ed. R. J. Wilman, Ch. J. Newman. Francis & Taylor Group 2018, pp. 28 and 148. D. M. Gerstein et al. , Developing a Risk Assessment Methodology for the National Aeronautics and Space Administration, 2016, Library of Congress, p. 58 et subsq.

[48]　Frontiers of space risks. Natural Cosmic Hazards and Societal Challenges, ed. R. J. Wilman, Ch. J. Newman. Francis & Taylor Group 2018, pp. 68 and 147. C. Preyssl, R. Atkins, T. Deak, Risk Management at ESA, ESA Bulletin no. 97, March 1999.

[49]　Ibid.

[50]　R. Parker, On - orbit satellite servicing—an insurer's perspective, Room 2/27/15.

[51]　J. Schmidt, On - orbit Satellite Servicing—Insurance Considerations, Second International Workshop on Orbit - Servicing NASA's Goddard Space Flight Center, May 2012.

[52]　Traditionally, these factors include the complexity of market conditions and purely technical risk factors and among them spacecraft configuration, performance margins, track record (as well as launch vehicle track record), the insured's history. See more in AON ISB Space Insurance Fundamentals; Part I Introduction to Space Risks Management.

[53]　Ibid. Space insurers distinguish several points in the space mission that are important from the risk assessment point of view. These are the intentional ignition, lift off, ascend phase and injection, satellite separation, deployment of solar panels and antennas, satellite orbit raising, satellite in - orbit testing and finally the satellite acceptance. Though only the last ones happen in orbit, there is nodoubt that, unless there is a total loss during a failed launch, it seems like OOS may become a remedy for partial failures and the majority of early stage problems, from the moment the satellite is placed in orbit, even if in the incorrect one.

[54]　e. g. Blassel P. , Space projects and the coverage of associated risks, The Geneva Papers on Risk and Insurance, Vol. 10, No. 35, 1985, p. 64 "assessment of the risk of correct satellite operation over a

given period of time is a complex matter, which does not lend itself exclusively to a mathematical or statistical analysis. " Meredith, P. , Robinson G. , Space Law: A Case Study for the Practitioner: Implementing a Telecommunications Satellite Business Concept, Amsterdam: Martinus Nijhoff Publishers, 1992, p. 337; the individualistic approach is adopted in the case of atypical risks, where assets are of high value, for example in vessels on the high sea, Williams C. A. et al. , Risk Management and Insurance, 2002, p. 158; Ronka - Chmielowiec W. , Ubezpieczenia Rynek i Ryzyko, Polskie Wydawnictwo Ekonomiczne, 2002, p. 172.

[55]　Kuskuvelis I. I. , The space risk and commercial space insurance, Space Policy, May 1993, p. 111. Another factor making the underwriting endeavour difficult is limited access to data on space projects that were not insured, which may not have any direct influence on rates on the space insurance market, but does further limit the database for developing meaningful statistics. Finally, national statutory impediments are imposed on the transfer of data concerning space assets, the best known of which is ITAR, binding in the US. Its provisions require insurers from outside the US to obtain a licence in order to be able to see data necessary for the risk assessment, since it is recognised as an export of technical data. See also Whearty R. , Intro to Space Insurance. First party—Marsh Space Projects a History of Leadership and innovation August 2015; Bender R. G. , International Arbitration—Satellite Communications: Arbitrator Perspective in: International Commercial Arbitration Practice: 21st Century Perspectives, LexisNexis, 2010.

[56]　Kowalewski E. , Prawo ubezpiecze ń gospodarczych, Branta 2006, p. 41 (where it is emphasized that the insurable risk should be measured by statistical methods; risk measured only with probability methods is uninsurable and the risk measured by estimations is conditionally insurable); also Kwiecień I. , Ubezpieczenie w zarz adzaniu ryzykiem działalności gospodarczej, C. H Beck, Warszawa 2010, p. 125. Kunstadter C. , Space insurance market overview, AIAA Workshop, 2013; Space insurance market overview, Masson - Zwaan T. , Liability & Insurance in Air & Space Law: Regulation of Suborbital Flights in Europe, Montreal, 18 March 2015, ICAO/UNOOSA Aerospace Symposium.

[57]　The pre - launch coverage, until lift off, is often provided not by the space insurers, but by the cargo, marine and other insurers. This is due to the fact that all the risks related to the ground activity, even if connected with outer space have much more in common with other insurance of ultra - hazardous activities, and as such are more similar in dealing with such risks (as in the nuclear and chemical industries) . Space insurance starts with the lift off of the launch vehicle and may last for the duration of the satellite's life. Kunstadter C. , Space insurance market overview, AIAA Workshop, 2013; D. Rora, In orbit Servicing Insurance Aspects, World Risk Forum—Dubai 2010.

[58]　R. Gubby, D. Wade, D. Hoffer, Preparing for the worst: The Space Insurance Market's Realistic Scenarios, New Space 2016, Vol. 4, No. 2, D. Benoussan, TeSeR—Technology for Sel - Removal of Spacecraft (Project under Horizon 2020 under grant agreement No. 687295), p. 5.

[59]　The launch phase lasts no longer than one hour (depending on the type of the launch vehicle and intended orbit), the early in - orbit phase (depending on the type of the satellite may last from several weeks up to several months in the case of all - electric satellites) and the operational stage may exceed 15 years.

[60] Pre – launch period (including manufacturing, testing and transportation phase, as well as the preparatory actions at the launch site), though included commonly to space insurance in a broad meaning, in fact is insured by insurers specialising in more general types of insurance, e. g. transportation, marine, or large corporations with a substantial capacity (e. g. AXA or Munich Re) based on the rules specific to all other branches of industry, even if taking into account their ultra – hazardous nature; Schöffski O. , Wegener A. G. , Risk Management and Insurance Solutions for Space and Satellites Projects, 24 The Geneva Papers on Risk and Insurance, 1999, p. 205.

[61] Masson – Zwaan T. , Liability & Insurance in Air & Space Law; Regulation of Suborbital Flights in Europe, Montreal, 18 March 2015, ICAO/UNOOSA Aerospace Symposium; the second parties explicitly excluded from the 'space liability regime' (i. e. astronauts, passengers, etc.).

[62] Horl K. U. , Legal Aspects of Risks Involved in Commercial Space Activities, Montreal 2003, p. 152.

[63] See, for example, Gerhard M. , Schrogl K – U, Report of the Project 2001 Working Group on National Space Legislation, in: Project 2001 Legal Framework for the Commercial Use of Outer Space: Karl – Heinz Böckstiegel (Ed.), p. 557; and Sophia model law.

[64] See, for example, also the Polish draft space law. One of the drafts, i. e. the Sofia model law on space insurance, also includes proposed provisions on liability and compulsory liability insurance.

[65] K. Malinowska, Space Insurance, p. 287.

[66] See more, K. Malinowska, Space insurance, p. 311.

[67] That was already applied when the first OOS mission in the 1980s took place, allowing insurers to generate dome profits after restoring the service of the satellite Orion 3, placed primarily in an incorrect orbit. See: R. Parker, On – orbit satellite servicing an insurer's perspective, Room2/27/ 15. See more K. Malinowska, Space insurance, pp. 377 – 380; On – Orbit Satellite Servicing Study. Project Report, NASA Goddard Space Flight Center, October 2010, p. 80.

[68] D. Rora, In orbit Servicing Insurance Aspects, World Risk Forum—Dubai 2010.

[69] S. A. Carioscia, B. A. Corbin, B. Lal, Roundtable Proceedings: Ways Forward for On – Orbit Servicing, Assembly, and Manufacturing (OSAM) of Spacecraft, 2018 Institute for Defense Analyses.

[70] D. Rora, In Orbit Servicing Insurance Aspects, World Risk Forum – Dubai 2010.

第3章 外层空间回收的法律问题

摘 要 空间行为者和从业人员提出了各种空间回收项目，其中一些项目已经启动。在简要介绍这些项目的基础上，本文重点介绍了空间回收者可能遇到的一些法律问题。讨论分为四个部分：第一部分探讨适用于空间回收的法律渊源，并区分了政府和非政府经营者；第二部分分析了执行任务前的法律问题，特别是回收目标的法律地位及其管辖权和所有权的转移；第三部分考察了任务操作过程中的责任风险，重点是过错的认定和防范；第四部分讨论了通过3D打印制作的物体的法律地位，因为它是对回收材料的一种潜在利用。最后，本文得出了一些结论，并对未来的发展方向进行了展望。

3.1 引言

自 1957 年 10 月苏联发射 "Sputnik I" 以来，人类已向外层空间发射了约 8950 颗卫星，其中约 5000 颗仍在地球轨道上运行[1]。这些卫星，一半以上是非功能性的[2]。其他类型的人造物体包括与任务有关的火箭体碎片和破裂碎片[3]。所有这些非功能性物体都被归类为空间碎片，由于它们的超高速特性，给在轨运行的卫星和人类太空飞行带来了风险。凯斯勒现象是美国国家航空航天局（NASA）科学家唐纳德·J. 凯斯勒（Donald J. Kessler）于 1978 年发现的有关近地轨道（LEO）空间碎片自持续级联效应的一种现象，它可能会使现状恶化[4]。Liou 和 Johnson 进行的空间碎片扩散模拟表明，即使未来不进行任何发射，现有空间物体之间相互碰撞产生的碎片也可能会迫使碎片数量随着时间的推移而增加[5]。

处理空间碎片问题的传统方法有两种，即空间碎片减缓（mitigation）和补救（remediation）。前者强调减缓新的空间碎片的增长率，后者则是指主动移除空间中现有的碎片[6]。根据 Liou 的模拟结果，为了稳定空间碎片的数量，每年需要移除 5 个大型空间碎片，并且所有发射任务的后处置成功率达到 90%[7]。这表明需要碎片减缓和补救的相互协同，因为两者都不能单独地解决空间碎片问题。

减少空间碎片的第三种选择是在轨服务，其目的是延长卫星的使用寿命，并使外层空间的报废物体再利用。正如其名称的示意，在轨服务是为已经发射到空间的物体提供服务的技术[8]。在国际空间大学 DOCTOR（Developing On - Orbit Servicing Concepts, Technology Options, and Roadmap）团队的一个项目中，它的定义如下：

在轨服务是为科学、安全或商业目的而提供的服务，需要在选定的客户航天器上进行空间操作，以实现以下一个或多个目标：检查、移动、加油、修理、从发射故障中恢复，或为系统增加更多能力[9]。

在轨服务包括各种任务类型，即修理、加油、升级、重返轨道和回收利用[10]。最后一种类型，即外层空间物体回收利用的法律分析是本文的主题。由于对"空间回收"没有具有法律约束力的定义，因此，应在其他地方探讨其含义。在一般意义上，回收是指"将废物转化为可再利用材料的行为或过程"[11]。从空间角度来说，"空间回收"一般意味着移除空间碎片并在随后对其进行再利用。国际空间站（ISS）3D 打印成功展示了空间回收的前景。2014 年 11 月，国际空间站的 3D 打印机制造了第一个 3D 打印物体，开启了新一轮的地外制造[12]。2018 年 11 月，第一个集成的 3D 打印与回收器"Refabricator"被发射到国际空间站[13]。与前一代相比，"Refabricator"又有了进步，它具有多次打印能力[14]。

空间行为者和从业人员就空间回收提出了若干建议。Gateway Earth Development Group 是一个由世界各地大学学者组成的组织，该组织提议将空间碎片转化为有用的资源[15]。他们的计划是将一个自主运行的空间站 Gateway Earth 置于地球静止轨道（GEO），用于回收失效的卫星和其他类别的空间碎片[16]。Firefly 航空航天公司的首席执行官汤姆·马库西奇（Tom Markusic）还提议回收和再利用地球同步轨道中的"死卫星"[17]。他的想法是将这些物体拖到地球轨道之外，并将其作为火星任务的辅助设备加以再利用[18]。

回收的材料可用于修复损坏的卫星和建造新的卫星。美国国防高级研究计划局（DARPA）于 2011 年启动了一项名为"凤凰"的计划，该计划拟发射一个"航天器，它可以从一颗废弃卫星上拆除太阳能电池板、天线或其他部件，并将其运送到另一颗卫星上，该卫星可以是一个新建造的航天器，也可以是一个需要维修的航天器"[19]。DARPA 于 2015 年对凤凰计划进行了修正，将重点转移到对地静止卫星的服务上[20]。在凤凰计划的基础上，DARPA 于 2016 年启动了一个新的公私合营项目，名为"地球同步卫星机器人服务"（RSGS）。RSGS 项目寻求开发能够对地球同步卫星进行检查和服务的技术[21]。

除了回收卫星外，对火箭体的重新利用也有新的设想。美国 Nanoracks 公司正与加拿大海事发射服务公司（MLS）合作，回收后者的火箭级，以便在外层空间建立"前哨站"[22]。这些火箭计划于 2021 年秋季发射，随后将被改造成卫星或燃料库的储存平台[23]。据 Nanoracks 首席执行官杰弗里·曼伯（Jeffrey Manber）说，该项目的第一阶段是重新利用火箭级，第二阶段是研究重新利用那些已经在太空中的大于 10 cm 的碎片的可能性[24]。

如上述案例所示，空间回收正在从一个概念演变为现实。空间回收有两大好处。首先，从报废的卫星和火箭体中获取材料可能比从地球上运输材料便宜得多[25]。其降低成本的潜力将形成对运营商投资于空间回收技术的经济激励。此外，赋予轨道上废弃物体新的用途将减少从地球发射新物体的需要；因此，空间再循环将有助于缓解外层空间的拥挤状况。

本文旨在强调空间回收经营者（空间回收者）在进入这一充满希望和活力的领域之前应考虑的一些关键法律问题，包括适用法律的确定、回收目标的法律地位、责任问题，以及由回收材料制造的物体的法律地位。

3.2　适用法律

空间活动的法律框架主要包括条约、联合国和其他国际组织发布的无法律约束力的文书[26]，这一框架的核心是 1967 年至 1979 年在联合国主持下制定的五项国际条约，即《外空条约》[27]、《营救协定》[28]、《责任公约》[29]、《登记公约》[30] 和《月球协定》[31]（统称"联合国外空条约"）。《外空条约》通常被称为《国际空间法大宪章》[32]，规定了管制空间活动的基本原则，随后的四项条约对此进行了重申、阐述和发展。

根据一般国际法，任何国家机构的行为都应被认为是其国家的行为[33]。因此，政府运营商应确保其活动符合国际法，违反国际法则其国家将承担相应的国际责任[34]。

对于非政府运营商来说，他们主要关注的是国家空间立法，这些立法直接规定了他们在空间活动运营中的权利和义务。最常见的情况是，国家倾向于扩大其国家空间立法的范围至在其（准）领土内进行的活动和其国民进行的活动（不论地点）。因此，空间回收者应同时研究属地法和行为地法，即国籍法和履行地法[35]。在没有就《外空条约》第六条规定的"国家活动"和"适当国家"的含义达成普遍共识的情况下，各国有权自行决定本国空间立法的适用范围。因此，应根据具体情况确定适用于非政府运营商的国家法律。

然而，非政府运营商最好还要把眼光放在国家法之外。《外空条约》确立了一项特殊的归属规则，规定各国应对本国在外层空间的活动承担国际责任，无论这些活动是由政府机构还是由非政府实体实施的，并应确保本国活动的开展符合国际法。《外空条约》[36] 进一步规定各国有义务授权和持续监督非政府实体在外层空间的活动[37]。在大多数情况下，各国通过颁布国家法律来履行这些义务。联合国大会第 59/115 号决议还建议各国颁布和执行国家法律，授权并持续监督其管辖下的非政府实体在外层空间的活动[38]。因此，可以预期国际空间法与国家空间立法之间的一致性。因此，国际法律制度对政府和非政府运营商都有意义。

3.3　回收对象法律地位

由于许多空间物体的战略重要性、技术敏感性和潜在的安全问题，空间回收者面临的第一个问题是哪个国家对其回收目标行使管辖权。关键在于《外空条约》第八条第一句，该条款规定，射入外层空间的物体的登记国应保留对该物体的管辖权和控制权。由此产生了三个相关问题：（a）什么是"射入外层空间的物体"；（b）哪个国家有权登记；（c）如何理解"管辖权和控制权"。

如引言所述，回收目标是失效的卫星、运载火箭和可能大于 10 cm 的碎片。这些物体在美国空间监视网络的跟踪能力之内，这是世界上最先进的空间监视系统之一，它可以对 LEO 上约 10 cm、GEO 上约 1 m 的物体进行跟踪和编目[39]。对于目录内的物体，通常会记录它们的发射日期、发射地点和发射国[40]。换句话说，通常可以确定某个回收目标的发射状态和所有者。

3.3.1　被发射到外层空间的物体

联合国各项外空条约中对被发射到外层空间的物体使用的术语不一致，包括"物体""外空物体"和"空间物体"[41]。由于这些术语在这些条约中经常互换使用，冯·德·邓克（von der Dunk）得出结论，所有这些术语都指向同一个概念[42]。为了保持一致，本文用空间物体这一术语来分析回收对象的法律地位。

《责任公约》和《登记公约》规定，"空间物体"包括空间物体的组成部分及其运载火箭和部件"[43]。这一定义指明了"空间物体"包括的内容，但其通篇用语没有具体界定其性质、范围以及"空间物体"的含义。尽管如此，按照《维也纳条约法公约》[44]（即《维也纳公约》）规定的条约解释方法，可以推断出关于"空间物体"属性的相当准确的概念[45]。

根据《维也纳公约》，条约应根据条约条款在其上下文中的一般含义，并根据其目的和宗旨，善意地加以解释[46]。"对象"的一般含义是"物质的东西"，以及任何"有形的、可见的或能被人辨认的东西"[47]。同样，肯普夫先生将"物体"定义为"任何有形的物理的东西"[48]，因此，信号和发射物等无形物质被排除在"空间物体"之外。

从上下文角度看，"空间物体"一词等同于"射入外层空间的物体"一词。《登记公约》标题和序言中使用的"射入外层空间的物体"一语与《外空条约》第八条所载的用语相呼应。同时，《登记公约》在其所有条款中使用"空间物体"一词，而没有提及"射入外层空间的物体"。由此可以推断，这两个术语是可以互换的。"发射到外层空间"这一限定短语不是要将空间物体（分为已发射和未发射两类）分类，而是要描述其属性。

设立《外空条约》的全部目的是处理人类的活动和保证"人类进入外层空间"[49]的权利。空间物体"发射到外层空间"的属性及其"组成部分"的提法，"或多或少地暗示了一种由人工'合成'的过程"[50]。因此，应当在人造物体和自然物体之间划出一条边界[51]。根据联合国外空条约，后者可以被认为是"天体"[52]。

由于射入外层空间的每一个功能性物体在一段时间内都将失去功能性[53]；一个相关的问题是，功能性是否与被限定为空间物体有关[54]。答案可以说是否定的，因为联合国外空条约并未涉及空间物体的功能性。此外，将非功能性物体排除在"空间物体"的范围之外，会导致现行法律框架出现各种漏洞。例如，在任务完成后，登记国将不再保留对其登记物体的管辖权和控制权。此外，这种排他性做法违反了《责任公约》以受害人为中心的理念。因此，正如 Masson Zwaan 所评论的那样，"一颗不活动的卫星甚至一把丢失的螺丝刀仍应被视为空间物体的一个组成部分"[55]。

简言之，空间物体是发射到外层空间的所有人造物体，包括其组成部分以及运载火箭及其部件，这些都是有形的。功能性不是其确定的标准。因此，回收目标，无论是报废的卫星和火箭，还是较小的物品和部件，都应被视为"空间物体"，其登记国对其拥有管辖权和控制权。

同时，根据联合国大会第 62/217 号决议核准的《和平利用外层空间委员会空间碎片减缓准则》(《外空委空间碎片减缓准则》, UNCOPUOS SDM Guidelines)[56]，这些外空废弃物体也可被定义为"空间碎片"[57]。《外空委空间碎片减缓准则》将空间碎片定义为："地球轨道上或重新进入大气层的所有非功能性人造物体，包括其碎片和成分元素"[58]。然而，归为空间碎片并不一定改变联合国外空条约赋予空间物体的法律地位。《外空委空间碎片减缓准则》在国际法下不具有法律约束力，属于自愿性质[59]。此外，《外空委空间碎片减缓准则》还规定，"可根据联合国关于外层空间的各项条约和原则的规定，为个别准则或其中要素的实施提供例外情况"[60]。

3.3.2　登记国

《登记公约》详细阐述了《外空条约》规定的登记义务，其中规定：当空间物体射入外层空间时，发射国应在适当的登记处登记该物体，并保持登记[61]。该发射国称为"登记国"[62]。《登记公约》规定了四类发射国，即发射或促成发射空间物体的国家，以及从其领土或设施发射空间物体的国家[63]。登记册的内容和保存条件由登记国自行决定[64]。同时，尽管《登记公约》还要求联合国大会按照登记国的规定保留一个登记册，记录空间物体的信息[65]，本国际登记册在仅根据国家登记册确定的管辖权和控制权方面不起任何作用[66]。

发射国登记空间物体的义务也提出了未登记空间物体的法律地位问题。施密特·泰德和米克 (Schmidt - Tedd and Mick) 认为，"不首先进行国家登记，对所涉空间物体的管辖和控制就不可行"[67]。相比之下，帕尔科维茨 (Pal Kovitz) 认为，除了《登记公约》缔约国不遵守条约义务之外，已登记的卫星与未登记的卫星之间没有区别[68]。术语"保留"的字面意思是"继续拥有"和"保持占有"，似乎倾向于后一种解释[69]。它表明，登记行为本身并不产生管辖权和控制权，而是承认先前存在的管辖权和控制权。此外，《外空条约》第六条授权和监督国家空间活动的责任意味着对空间物体实际行使管辖权。因此，未登记的对象并不缺乏管辖权和控制权。

3.3.3　管辖和控制

根据一般国际法，管辖权是主权的一个方面，它"是指一国根据国际法对自然人和法人的行为加以规范的权限"[70]。对"控制"一词的解释有些分歧。有些评论员认为它是"事实因素，在技术上控制卫星的可能性在国家登记册内"[71]，另一些人将其定义为"排他性权利和监督空间物体活动的实际可能性"，这种权利"必须以合法管辖权为基础，而不是以实际控制能力为基础"[72]。由于登记国甚至在空间物体飞行任务结束后仍保留对其的管辖权和控制权，"'控制'能力不仅仅是一种技术能力"[73]。

一个相关的问题是，"管辖权和控制"一词是否意味着登记国的权利或义务。可以说，它指的是两者。一项权利可以被推断为"管辖权"一词本身即是主权的一个问题。此外，将这一术语解释为纯粹的义务将导致一个明显荒谬和不合理的结果，因为各国将失去登记空间物体的兴趣。同时，如果这一术语被解释为仅包含权利而没有相应的义务，《外空条约》第六条的根本宗旨将受到损害[74]。比利时在答复联合国五项外层空间条约的现状和适用情况工作组主席提出的一系列问题（"调查表"）时指出，"行使这种管辖权和控制权既有特权，也有义务"[75]。因此，如果一国打算回收空间物体，则只有在该国对回收目标拥有管辖权和控制权或获得登记国对该目标的许可的情况下，该国才有权这样做[76]。

正如引言中提到的，美国 Nanoracks 公司计划回收加拿大 MLS 公司的火箭，在外层空间建立前哨基地。在这种情况下，Nanoracks 可以被视为某种程度上"采购"了 MLS 的火箭发射，因为他们已经谈判了发射前的回收问题。因此，有人可能会说，美国是 MLS 火箭的发射国，火箭弹体的注册以及对其保留的管辖权和控制权可以从加拿大转移到美国。但值得注意的是，没有明确的"采购"定义，发射前谈判是否可以被视为"采购"仍然值得怀疑。此外，当一国国民促成发射空间物体时，该国是否可以被归类为发射国也有争议。

如果根据《外空条约》第六条对空间回收者的空间活动承担国际责任的国家（"责任国"）不是回收物的发射国，就产生了行使管辖权的问题。如前所述，根据《登记公约》，只有发射国才有权登记空间物体。这意味着空间物体的登记转移只能在发射国之间进行，而从登记国转移到非发射国似乎是不可能的。由于管辖权和控制权是在登记的基础上确定的，这对空间回收活动构成了法律限制。在 Nanoracks 的案例中，如果美国不能被归类为发射国，即使在 MLS 和 Nanoracks 之间的所有权转移之后，它也没有资格登记这些火箭。

为解决这一问题，责任国可与登记国签订协议，处理管辖权问题。可以参照《登记公约》第二条第 2 款，该款规定：

如果任何此类空间物体有两个或两个以上的发射国，它们应共同决定哪一个国家应登记该物体 [……]，铭记《外空条约》第八条的规定，并不妨碍发射国之间就空间物体及其任何人员的管辖权和控制权已缔结或即将缔结的适当协定。

这项规定的最后一部分意味着管辖权和控制权的行使并非绝对取决于登记国，因此发射国可以做出具体安排。它没有对这种安排的内容提出任何要求或限制。因此，发射国在这方面享有自由，包括将对空间物体的管辖权和控制权转让给第三国。同时，根据《维也纳公约》，一项条约可以在第三国同意的情况下，对其产生权利和义务[77]。考虑到管辖权和控制权既包含权利也包含义务，如果第三国同意，则可以做出将所有这些权利和义务转让给第三国的安排。

还应指出，责任国即使不是登记国，也负有根据《外空条约》第六条授权和监督空间物体运行的国际责任。因此，在跨国转让空间物体所有权的情况下，责任国和登记国对该物体同时拥有管辖权[78]。这两个国家可订立一项特别协定，安排有关管辖权和赔偿责任的问题[79]。

3. 3. 4　所有权转让

此外，空间回收作业的专有问题也需要解决，尤其是涉及非政府运营商时。根据《外空条约》的规定，空间物体的所有权不受其位置的影响[80]。因此，空间回收者应与目标物体的所有人签订转让其所有权的合同协议。

各国通常在其国家立法中对所有权的转让规定授权要求[81]。一个示例条款是"将空间活动和/或空间物体转让给另一经营者须经主管当局事先授权"[82]。有些国家空间立法采用了这一模式。例如，《丹麦外层空间法》规定，向另一所有人或经营者转让空间物体或空间活动，必须事先得到主管当局的批准[83]。该法还规定，如果转让给一个在另一国定居的所有人或经营人，主管当局可要求与该国事先达成协议，以接管支付损害赔偿的责任[84]。因此，非政府运营商必须为交易办理授权手续。

此外，出口管制条例也可能限制将所有权转让给外国经营者。例如，中国《军品出口管理条例》和相应的《军品出口管理清单》（"军品出口管理条例和清单"），其中规定了火箭、导弹的出口管制规则[85]。为进一步加强导弹及相关物项和技术的出口管制，中国国务院颁布了《中华人民共和国导弹及相关物项和技术出口管制条例》技术出口管制清单（"导弹出口管制条例和清单"）[86]。后者包括火箭、无人机、导弹和与导弹有关的物项和技术等物项[87]。民用卫星的出口在法律上没有具体规定，但在实践中由国家国防科技工业局负责批准[88]。空间回收者在执行任务前，应查阅这些出口管制条例和清单。

3.4　责任

《外空条约》规定，空间物体的发射国应对该物体给另一国或其国民造成的损害负责[89]。这一责任规则在《责任公约》中作了详细阐述，根据该公约，只有国家（与非政府实体相比）才可对空间物体造成的损害承担责任。尽管如此，如果国家立法有规定，各国可以向非政府运营商追索支付给第三方的赔偿。因此，非政府运营商也有意愿确保其活动不会引发《责任公约》规定的国际责任。

《责任公约》规定了空间物体在地球表面或对飞行中的航空器造成损害的绝对责任[90]。Zafren 评论说，尽管使用了"绝对"这一术语，《责任公约》确实规定了严格的责任，因为该公约允许发射国在某些情况下免除责任[91]，更具体地说，是受害人存在共同过失[92]。

对于在外层空间造成的损害，适用以过失为基础的责任制度，即发射国只有在损害是由于其过失或其责任人的过失造成的情况下才应承担责任[93]。然而，《责任公约》既没有界定"过失"一词，也没有确立经营者的谨慎标准，这就引起了对其解释的争议[94]。一般而言，过失是指不遵守或违反法律规定的义务[95]。在这方面，荷兰在对调查表的答复中指出，不遵守软法律文书不能用"过失"来表述[96]。同时，Smith 和 Kerrest 认为，尽管相关准则和行为守则具有非强制性，但法官可将其视为遵循正确程序的证据，特别是考虑到《外空条约》第九条[97]。他们进一步争辩说，如果人们已遵守普遍接受的准则和标准，将不会有过错推定的余地[98]。考虑到空间活动带来的风险和空间碎片数量的不断增加，后一种解释更符合"人类的共同利益"。因此，为了减少被认为有过错的风险，确保空间回收者的行为遵守国际准则和标准（例如《外空委空间碎片减缓准则》），是符合他们的利益的。

有人指出，过失责任可能会阻碍运营商进行在轨服务[99]。在这方面，有人提议颁布一项规定，也许是在《责任公约》的一项议定书中规定，对于那些有助于保护外层空间环境的运营，过失可以以某种方式减轻[100]。然而，由于空间活动的战略和功利性质，各国在这方面通过具有国际约束力的法律的政治意愿似乎是悲观的[101]。因此，（缔结）一项《责任公约》的议定书在短期内似乎是不可能的。或者，本文认为，空间回收者可以参照《外空活动长期可持续性准则》（the "Long Term Sustainability Guidelines"）[102]作为对过失的抗辩。

和平利用外层空间委员会于 2019 年 6 月通过了《外空活动长期可持续性准则》，其目的是协助各国和国际政府间组织"减轻与开展外层空间活动有关的风险，以便维持目前的利益，实现未来的机会"[103]。为了实现这一目标，一项指导方针是"研究和考虑新的措施来长期管理空间碎片数量"[104]。这些新措施可包括"延长使用寿命的方法，采用新技术防止碎片和物体之间发生碰撞，而不改变其轨道"[105]。空间回收的实施符合这些目标，法官在确定"过失"时应考虑到其为子孙后代保护外层空间环境所做出的贡献。

值得注意的是，《责任公约》规定的救援办法并非排他性的。相反，它使得国内法庭向受害者开放[106]，因为它并不能阻止受害国或其国民"向发射国的法院或行政法庭或机构提出索赔"[107]。例如，受害人可根据普通侵权法向经营人提出损害赔偿要求[108]。因此，空间回收者还应考虑国家立法规定的过错标准。

3.5　3D 打印

除了维护、翻新和重新调整用途之外，回收的物体也可作为 3D 打印"墨水"用于外层空间的复制。如引言所述，3D 打印已在国际空间站成功测试，打印材料的多次重复使用在技术上也是可行的。麻省理工学院的丹妮尔·伍德（Danielle Wood）提出了一种新的任务后处理方法。她的想法是，在卫星任务结束后，可以将其融化成 3D 打印机库存材料，以再生其继任者[109]。这就提出了一个问题，即根据联合国空间条约，这些新打印的卫星是否应被视为"空间物体"。

在管制所有权问题时，《外空条约》使用了"射入外层空间的物体，包括落在或建造在天体上的物体，以及它们的组成部分"[110]。这意味着一个物体首先被发射，然后安装在天体上，仍然应该被视为发射的物体[111]。正如 Skopowska 所说，这意味着"一旦发射，一个物体永远不会失去它作为发射物体的性质"[112]。因此，由于新打印的卫星是由地球发射的材料制成的，它们应该被视为"空间物体"。此外，将这些新打印的物体排除在"空间物体"范围之外的限制性解释将导致法律空白，这对空间活动的和平有序发展是不可取的。因此，应采取更具包容性的办法。

在这方面，Skopowska 建议对"发射"一词作宽泛的解释，以便包括"在外层空间

'传送'物体的所有可能方式，例如在外层空间或天体上放置、安装甚至是制造物体"[113]，新打印的物体属于"空间物体"的范畴，其发射状态是"物体在其制造设施处的状态"[114]。同时，订购 3D 打印的国家也是发射国，因为它"促成"发射。值得注意的是，无论"发射"是什么意思，从"发射到外层空间"和"返回地球"[115]这两个词可以推断出空间物体是由地球材料制成的。

值得注意的是，联合空中力量能力中心（Joint Air Power Competence Centre）发布的一份报告很有趣，它将"空间物体"定义为"外层空间的任何人造物体"[116]。阿根廷提出的一项联合提案也是如此，比利时和法国在《责任公约》起草阶段将"空间物体"定义为"为空间活动制造或打算制造的任何物体"[117]。可以参考 2014 年中俄联合提出的《防止在外空放置武器、对外空物体使用或威胁使用武力条约》（PPWT）的最新草案。2014 年 PPWT 没有提及"空间物体"，而是使用了"外层空间物体"，其定义是"放置在外层空间并设计用于在外层空间运行的任何装置"[118]。它进一步规定，当一个装置至少绕地球轨道一个周期或在离开这一轨道之前，沿部分轨道运行；或置于外层空间的任何地点或地球以外的任何天体上时，才被视为"放置在外层空间"[119]。这些定义强调空间物体的空间位置或空间用途，而不是它们如何进入外层空间。因此，可以说，重要的是，一个来自地球的物体现在被放置在外层空间。实现这一结果的方式，无论是发射、放置还是制造，是无关紧要的。

此外，在未来，空间物体可能由回收材料和地外材料混合制成，或者完全由地外材料制造。这些物体并非完全由地球发射的材料制成，因此，不能将其归类为"空间物体"，可参照海牙国际空间资源治理工作组（海牙工作组）于 2019 年 11 月 12 日通过的《空间资源活动国际框架的相关章程》[120]。该章程将"空间物体"定义为"从地球发射到外层空间的物体，包括其组成部分及其运载火箭和部件"[121]。它使用另一个术语"空间制造产品"来表示"在外层空间制造的产品"[122]。因此，对于 3D 打印物体，其 3D 打印耗材的来源与其法律地位有关。更具体地说，"空间物体"只覆盖了完全由地球材料制成的物体，应该建立一个平行的制度来管理那些由地外材料制成的物体。

3.6　结论

除了科学、社会和经济方面的整体效益，超过 60 年的太空活动也产生了一个棘手的问题——空间碎片。这些漂浮在太空中的废弃物体对卫星和载人航天器构成了威胁；它们也可能通过碰撞和爆炸引发数量上的自增长。为了使外层空间成为今世后代可持续发展的环境，空间碎片问题需要在可行的情况下得到解决。国际社会目前的工作重点是减少空间碎片的产生，限制新的碎片的产生，同时也需要对空间碎片进行补救，以便在未来移除现有的碎片。

空间中非功能性物体的再利用也可能是解决碎片问题的一种选择。在轨服务可以通过加油、修理、升级和重返轨道使这些物体复活。此外，这些物体大多是由有价值的材料制成的，它们的回收利用可以省去从地球发射这些材料的工作。除了变废为宝外，空间回收还有助于减少空间碎片的数量。政府和非政府的空间行为者和从业者就空间回收项目提出了各种建议，其中一些已经启动。

尽管联合国各项外空条约没有直接涉及空间回收，但其中所载的规定足够宽泛，足以为其监管提供一个框架。这些条约与政府运营商直接相关，因为它们的行为应被视为其国家的行为。同时，它们也与非政府运营商有关，因为它们的责任国应授权和持续监督它们的活动，并确保这些活动符合国际法。因此，可以预期国际法与国家空间立法之间的一致性。

联合国各项外空条约的核心概念是"空间物体"，它"包括其组成部分及其运载火箭和部件"。通过字面、上下文和目的性的解释，空间物体是那些发射到外层空间的人造物体，无论是否具有功能，都是物理的和有形的。因此，空间回收目标属于这一类定义。同时，如果这些目标不再具有功能性，根据联合国和平利用外层空间委员会的空间碎片管理准则，也被归类为"空间碎片"。由于准则具有自愿和无法律约束力的性质，这种分类不影响联合国空间条约赋予空间物体的法律地位。

根据《外空条约》，空间物体的登记国应对这样的空间物体保留其管辖权和控制权。因此，只有在其责任国保留对空间物体的管辖权和控制权或登记国允许的情况下，空间回收者才可回收该物体。总之，只有空间物体的发射国才能登记这种物体，登记的转让只能在这些国家之间进行。当空间回收者的责任国不是回收目标的发射国时，这就构成了一个法律挑战。一种解决办法是在责任国和发射国之间缔结一项协定，协商管辖权问题。

同时，由于空间物体的所有权不受其位置的影响，空间回收者应与回收目标的所有者协商所有权问题。所有权的转让通常须经双方责任国的授权。由于空间对象的战略重要性，出口控制规则也可以在事务中发挥作用。

《责任公约》详细阐述了《外空条约》所载的责任规则，其中规定了空间物体在地球表面造成的损害或对飞行中的航空器造成的损害的绝对责任。过错责任适用于空间物体在外层空间造成的损害。国际软法的（不）遵守是否与过错的判定有关仍然存在争议。本文认为，法官也应考虑这些不具法律约束力的准则和标准，以确定过错，因为这种做法可以在更大程度上鼓励负责任的外层空间行为。为了减少被追究过失的危险，确保空间回收者遵守国际准则和标准将符合他们的利益。如果发生损害，他们也可以引用《外空活动长期可持续性准则》作为对过失的防御。

3D 打印技术的进步为空间回收创造了新的可能性，因为回收的材料可以用作 3D 打印耗材来制造新的物体。这些物体不是直接从地球发射的，而是由地球发射的材料制成的。将这些物体排除在联合国外空条约的范围之外将导致不良的结果；因此，"发射"一词应作广义解释，如 Skopowska 提出的那样，包括"在外层空间'传送'物体的所有可能方式"[123]。在这方面，可参考一些国际提案和文书，使用术语"制造"和"放置"而不是"发射"。

随着空间资源利用的发展，未来的新物体可能会由可回收材料和地外材料混合制成。

关于其法律地位，由于联合国各项外空条约中使用的"射入外层空间"和"返回地球"等措辞表明"空间物体"来自地球，这些由地外物质制成的物体不属于这一范围。可以参考海牙工作组通过的相关章程，其中区分了"空间物体"和"空间产品"。前者具有联合国外空条约所界定的类似含义，后者则指"全部或部分利用空间资源在外层空间制造的产品"[124]。

联合国和平利用外层空间委员会（UNCOPUOS）采用了各种原则来处理特定类别的空间活动，如广播和遥感[125]。与此同时，一些国家的法律甚至比空间技术的发展提前了一步；例如 2015 年的《美国空间资源探索和利用法》规定，美国公民对获得的任何小行星资源或空间资源拥有所有权[126]。总的来说，空间回收有助于保护外层空间环境，而外层空间环境通常被视为全球公地，而且它通常涉及两个或两个以上国家之间的管辖权转让，最好采用国际办法。其治理的一个潜在途径是在联合国主持下制定一项不具法律约束力的文书，最理想的办法是通过一项联合国大会决议。这项文书可以通过在国家一级执行而获得约束力，如果各方能够遵守一致和统一的法律意见和国家惯例，它也可以演变为习惯国际法。

作 者 简 介

田庄（音译，Zhuang Tian）在中国广州出生长大，他目前是荷兰莱顿大学的博士生，并获得了法学硕士学位。他的研究兴趣是空间法，特别是空间碎片减缓和救援的法律方面。

崔阳阳（音译，Yangyang Cui）出生并成长于中国宁波，她目前是上海交通大学法学硕士研究生。她的研究方向是国际公法和国际贸易法。

参 考 文 献

［1］ ESA, "Space debris by the numbers" (February 2020), https: //www. esa. int/Safety _ Security/ Space _ Debris/Space _ debris _ by _ the _ numbers. (All websites cited in this article were last accessed and verified on February 27, 2020).

［2］ Ibid.

［3］ NASA, "Orbital Debris Quarterly News", Volume 24 – Issue 1 (January 2020), 4.

［4］ Donald J. Kessler and Burton G. Cour – Palais, "Collision frequency of artificial satellites: The creation of a debris belt", Journal of Geophysical Research: Space Physics 83, no. A6 (1978), 2637 – 2646.

［5］ J. C. Liou and Nicholas L. Johnson, "Risks in Space from Orbiting Debris", Science (Washington) 311, no. 5759 (2006), 340.

［6］ UN Doc. A/AC. 105/C. 1/2012/CRP. 16, "Active Debris Removal—An Essential Mechanism for Ensuring the Safety and Sustainability of Outer Space" (January 27, 2012), 7.

［7］ J. C. Liou, "Engineering and Technology Challenges for Active Debris Removal", 4th European Conference for Aerospace Science (July 4 – 8, 2011), 5 – 6.

［8］ Mahashreveta Choudhary, "What is on – orbit satellite servicing?" (October 15, 2019), https: // www. geospatialworld. net/blogs/on – orbit – satellite – servicing – process – benefits – and – challenges/. Alexander Soucek, "On – Orbit Servicing: Legal Perspective", European Space Policy Institute (April 18, 2018).

［9］ Team DOCTOR, "Developing On – Orbit Servicing Concepts, Technology Options, and Roadmap", Final Report of the International Space University Summer Session Program 2007, 1. https: // isulibrary. isunet. edu/doc _ num. php? explnum _ id＝102.

［10］ Thea Flem Dethlefsen, "On – Orbit Servicing: Repairing, Refuelling and Recycling The Legal Framework", 70th International Astronautical Congress (IAC), Washington D. C. , United States, 21 – 25 October 2019, 1 – 2.

［11］ Oxford University Press, https: //www. lexico. com/.

［12］ NASA, "International Space Station's 3 – D Printer" (November 26, 2014), https: // www. nasa. gov/content/international – space – station – s – 3 – d – printer.

［13］ Jennifer Harbaugh, "Combination 3D Printer will Recycle Plastic in Space" (November 19, 2018), https: //www. nasa. gov/mission _ pages/centers/marshall/combination – 3d – printer – will – recycle – plastic – in – space. html.

［14］ Korey Haynes, "The Space Station's New 3 – D Printer Recycles Old Plastic Into Custom Tools" (February 11, 2019), https: //www. discovermagazine. com/the – sciences/the – space – stations – new – 3 – d – printer – recycles – old – plastic – into – custom – tools.

［15］ Jez Turner, "What you gon' do with all that junk? Why space needs a recycling station" (August 7,

2019），https：//www. smartcompany. com. au/startupsmart/analysis/space – junk – recycling – station/.

[16]　Ibid.

[17]　Eric Mack，"The Company Betting That Space Junk Could Be a Big Business"（February 25，2016），https：//www. inc. com/eric – mack/theres – a – plan – to – recycle – space – junk – at – mars. html.

[18]　Ibid.

[19]　Jeff Foust，"The space industry grapples with satellite servicing"（June 25，2012），https：//www. thespacereview. com/article/2108/1.

[20]　Caleb Henry，"DARPA Revamps Phoenix In – Orbit Servicing Program"（June 2，2015），https：//www. satellitetoday. com/government – military/2015/06/02/darpa – revamps – phoenix – in – orbit – servicing – program/.

[21]　DARPA，"Program Aims to Facilitate Robotic Servicing of Geosynchronous Satellites"（March 25，2016），https：//www. darpa. mil/news – events/2016 – 03 – 25.

[22]　Frances Willick，"Canso spaceport partners with U. S. company to recycle rockets in space"（November 3，2019），https：//www. cbc. ca/news/canada/nova – scotia/mla – nanoracks – repurpose – cyclone – 4m – rockets – 1. 5344086.

[23]　Keith Doucette，"Nova Scotia spaceport teams with U. S. firm to examine reuse of rockets in space"（November 4，2019），https：//atlantic. ctvnews. ca/nova – scotia – spaceport – teams – with – u – s – firm – to – examine – reuse – of – rockets – in – space – 1. 4669438.

[24]　Ibid.

[25]　Eric Mack，"The Company Betting That Space Junk Could Be a Big Business"（February 25，2016），https：//www. inc. com/eric – mack/theres – a – plan – to – recycle – space – junk – at – mars. html.

[26]　Rada Popova and Volker Schaus，"The Legal Framework for Space Debris Remediation as a Tool for Sustainability in Outer Space"，Aerospace 5，no. 2（2018），55，4. The United Nations Office for Outer Space Affairs（UNOOSA），"Space Law"，https：//www. unoosa. org/oosa/en/ourwork/spacelaw/index. html.

[27]　Treaty on Principles Governing the Activities of States in the Exploration and Use of Outer Space，Including the Moon and Other Celestial Bodies；610 UNTS 205；entered into force on October 10，1967.

[28]　Agreement on the Rescue of Astronauts，the Return of Astronauts and the Return of Objects Launched into Outer Space；672 UNTS 119；entered into force on December 3，1968.

[29]　Convention on International Liability for Damage Caused by Space Objects；961 UNTS 187；entered into force on September 1，1972.

[30]　Convention on Registration of Objects Launched into Outer Space；1023 UNTS 15；entered into force on September 15，1976.

[31]　Agreement Governing the Activities of States on the Moon and Other Celestial Bodies；1363 UNTS 13；entered into force on July 11，1984.

[32]　Qizhi He，"The outer space treaty in perspective"，J. Space L. 25（1997），93.

[33]　International Law Commission（ILC），Responsibility of States for Internationally Wrongful Acts（2001），Article 4（1）. The customary character of this rule has been confirmed by the International

Court of Justice (ICJ). See Difference Relating to Immunity from Legal Process of a Special Rapporteur of the Commission on Human Rights, Advisory Opinion, I. C. J. Reports 1999, p. 62, at p. 87, para. 62.

[34] Ibid. , Article 1 and 2.

[35] Annette Froehlich and Vincent Seffinga, National Space Legislation: A Comparative and Evaluative Analysis, Studies in Space Policy, v. 15 (2018), 137 – 142.

[36] Outer Space Treaty, Article VI.

[37] Ibid.

[38] UN Doc. A/RES/59/115, Application of the concept of the 'launching State' (January 25, 2005).

[39] Mark Matney, "Measuring Small Debris – What You Can' t See Can Hurt You", https: // ntrs. nasa. gov/archive/nasa/casi. ntrs. nasa. gov/20160011226. pdf.

[40] Loretta Hall, "The History of Space Debris" (2014), Space Traffic Management Conference, 19, https: //commons. erau. edu/stm/2014/thursday/19/.

[41] Frans G. von der Dunk, "Defining Subject Matter under Space Law: Near Earth Objects versus Space Objects". (2008), Space, Cyber, and Telecommunications Law Program Faculty Publications, 25, 294.

[42] Ibid. , 299 – 300.

[43] Article I (d), Liability Convention. Article I (b), Registration Convention.

[44] United Nations, Vienna Convention on the Law of Treaties, 23 May 1969, United Nations, Treaty Series, vol. 1155, p. 331, entered into force on January 27, 1980.

[45] von der Dunk, supra note 41, 294.

[46] Vienna Convention, Article 31 (1).

[47] Ballentine's Law Dictionary, https: //www. citizenlaw. com/pdf/o. pdf.

[48] United States. Congress. House. Committee on the Judiciary. Subcommittee on Courts, I. Property. (1990) . Patents in space: hearing before the Subcommittee on Courts, Intellectrual Property, and the Administration of Justice of the Committee on the Judiciary, House of Representatives, One Hundred Frist Congress, first session, on H. R. 2946, Patents in Space Act, October 4, 1989. Washington: U. S. G. P. O. , 25.

[49] von der Dunk, supra note 41, 294 – 295.

[50] Ibid. , 296.

[51] Lesley – Jane Smith and Armel Kerrest, "Article I (Definitions) LIAB", in Hobe, Schmidt – Tedd, and Schrogl (eds), Cologne Commentary on Space Law. Vol. 2: Rescue Agreement, Liability Convention, Registration Convention, Moon Agreement, Köln: Heymann, 2013, 115.

[52] von der Dunk, supra note 41, 295 – 296.

[53] Smith and Kerrest, "Article I (Definitions) LIAB", supra note 51, 115.

[54] Ibid.

[55] Tanja Masson – Zwaan, "Legal Aspects of Space Debris. International Academy of Astronautics", IAA Space Debris Situation Report 2016, 142.

[56] See https: //www. unoosa. org/pdf/publications/st _ space _ 49E. pdf. The UN Space Debris Mitigation Guidelines are based on the technical content and the basic definitions of the Inter – Agency Space Debris Coordination Committee (IADC) Space Debris Mitigation Guidelines. Other

organizations，such as the International Organization for Standardization (ISO) and the International Telecommunications Union (ITU) also establish standards and recommendations with regard to space debris mitigation.

［57］　UNCOPUOS SDM Guidelines，iv.

［58］　Ibid.，1.

［59］　Ibid.，iv and 2.

［60］　Ibid.，2.

［61］　Registration Convention，Article Ⅱ（1）.

［62］　Ibid.，Article I（c）.

［63］　Ibid.，Article I（a）. The same definition can be found in Article I（c）of the Liability Convention. The latter Convention further clarifies in Article I（b）that the term "launching" includes attempted launching.

［64］　Registration Convention，Article Ⅱ（3）.

［65］　Ibid.，Article Ⅲ（1）.

［66］　Belgium，Response to the Questionnaire，UN Doc. A/AC. 105/C. 2/2012/CRP. 11（March 22，2012），4.

［67］　Bernhard Schmidt - Tedd and Stephan Mick，"Article Ⅷ"，in Hobe，Schmidt - Tedd，and Schrogl （eds），Cologne Commentary on Space Law. Vol. 1：Outer Space Treaty. Köln：Heymann，2009，152.

［68］　Neta Palkovitz，"Regulating a Revolution：Small Satellites and the Law of Outer Space"，Ph. D. Dissertation，Leiden University，2019，176 - 177.

［69］　Oxford Dictionary Online，https：//www. lexico. com/en/definition/retain.

［70］　Ian Brownlie and James R Crawford，Brownlie's Principles of Public International Law，8th ed，Oxford University Press（2012），456.

［71］　Popova and Schaus，supra note 26，9.

［72］　Schmidt - Tedd and Mick，"Article Ⅷ"，supra note 67，157.

［73］　Ibid.

［74］　H Bittlinger，Hoheitsgewalt und Kontrolle im Weltraum（Carl Heymanns，Cologne 1988）33；GGal，Space Law（Sijthoff，Leiden 1969）215. Citing from Schmidt - Tedd and Mick，"Article Ⅷ"，supra note 67，158.

［75］　Belgium，Response to the Questionnaire，UN Doc. A/AC. 105/C. 2/2012/CRP. 11（March 22，2012），4.

［76］　UN Doc. A/AC. 105/C. 1/2012/CRP. 16，supra note 6，32.

［77］　Vienna Convention，Article 35 and 36.

［78］　The Netherlands，Response to the Questionnaire，UN Doc. A/AC. 105/C. 2/2012/CRP. 11（March 22，2012），8.

［79］　Ibid.

［80］　Outer Space Treaty，Article Ⅷ.

［81］　UNGA Resolution，UN Doc. A/RES/68/74，on Recommendations on national legislation relevant to the peaceful exploration and use of outer space（December 16，2013）.

[82]　ILA Space Law (2012) Resolution no. 6/2012，Annex Sofia Guidelines for a Model Law on National Space Legislation，Article 9.

[83]　Danish Outer Space Act，Article 15 (1). Unofficial English translation see：https：//ufm. dk/en/ legislation - prevailing - laws - and - regulations/outer - space/outer - space - act. pdf.

[84]　Ibid. ，Article 15 (2).

[85]　Yun Zhao，"Regulation of Space Activities in the People's Republic of China"，in Ram S. Jakhu，National Regulation of Space Activities，Space Regulations Library；Vol. 5. 238232972. New York，NY [etc.]；Springer，2010，263 - 264. The Chinese Text of the Military Products Export Control Regulations and List see https：//www. fmprc. gov. cn/web/ziliao _ 674904/tytj _ 674911/tyfg _ 674913/t10493. shtml　　and　　https：//www. chinesemission　-　vienna. at/chn/dbtyw/fks/c3/ t206373. htm，respectively.

[86]　The Chinese text of the Missiles Export Control Regulation and List see https：//www. gov. cn/ gongbao/content/2002/content _ 61742. htm.

[87]　Zhao，supra note 85，264.

[88]　Guozhu Gao，"Current Situation，Legal Issues and Relevant Space Legislation of China's International Cooperation in Space"，Journal of Beijing University of Aeronautics and Astronautics Social Sciences Edition，2019，32 (5)：103.

[89]　Outer Space Treaty，Article Ⅶ.

[90]　Liability Convention，Article Ⅱ.

[91]　Daniel Hill Zafren，Convention on International Liability for Damage Caused by Space Objects：Analysis and Background Data：Staff Report，US Government Printing Office，Volume 8，1972，25 - 26.

[92]　Liability Convention，Article Ⅵ.

[93]　Ibid. ，Article Ⅲ.

[94]　Joel A Dennerley，"State Liability for Space Object Collisions：The Proper Interpretation of 'Fault' for the Purposes of International Space Law"，European Journal of International Law，Volume 29，Issue 1，February 2018，282 - 283.

[95]　Smith and Kerrest，"Article Ⅲ (Fault Liability) LIAB"，supra note 51，132.

[96]　The Netherlands，Response to the Questionnaire，UN Doc. A/AC. 105/C. 2/2012/CRP. 11 (March 22，2012)，7.

[97]　Smith and Kerrest，"Article Ⅲ (Fault Liability) LIAB"，supra note 51，133. Article Ⅸ of the Outer Space Treaty imposes a due regard obligation on States for their activities in outer space.

[98]　Ibid.

[99]　A/AC. 105/C. 1/2012/CRP. 16，supra note 6，32.

[100]　Ibid.

[101]　Ram Jakhu，Steven Freeland，and Kuan - Wei Chen，"The sources of international space law：revisited"，Journal of Air and Space Law，67 (4)，2018，666.

[102]　UN Doc. A/AC. 105/C. 1/L. 366，Guidelines for the Long - term Sustainability of Outer Space Activities (July 17，2018).

[103]　Ibid. ，2.

［104］ Long Term Sustainability Guidelines，Guideline D. 2.

［105］ Ibid. ，para. 3.

［106］ Smith and Kerrest，"Article Ⅲ（Fault Liability）LIAB"，supra note 51，133.

［107］ Liability Convention，Article XI（2）.

［108］ UN Doc. A/AC. 105/C. 2/2013/CRP. 6，Information on the activities of international intergovernmental and non‐governmental organizations relating to space law（March 26，2013）.

［109］ Meghan Bartels，"Changing How We Build Satellites Could Do More Than Reduce Space Junk"（January 24，2019），https：//www. space. com/43098‐satellite‐design‐engineering‐equity‐justice. html.

［110］ Outer Space Treaty，Article VIII.

［111］ Laura Skopowska，"Is an object built in the outer space a 'space object' under the Liability Convention?" Master thesis，University of Luxembourg，2017，28.

［112］ Ibid.

［113］ Ibid.

［114］ Ibid. ，43.

［115］ See，e. g. ，Outer Space Treaty，Article VIII.

［116］ Joint Air Power Competence Centre，"Command and Control of a Multinational Space Surveillance and Tracking Network"，by Lt Col Andrea Console（ITA AF），June 2019，6. Notedly，the report states that "one can consider the following proposed definitions valid only for the purposes of this study，and thus devoid of any legal or political implications".

［117］ UN Doc. PUOS/C. 2/70/WG. I/CRP . 16，Argentina，Belgium，France：Working Paper，in：UN Doc. A/AC. 105/85，Report of the Legal Sub‐Committee on the Work of Its Ninth Session（8 June‐3 July 1970），Annex 1，Proposals and Other Documents Relating to Liability For Damage Caused by the Launching of Objects into Outer Space（Agenda Item 2），3 July 1970，16. Citing from Smith and Kerrest，"Article I（Definitions）LIAB"，supra note 51，110.

［118］ 2014 PPWT，Article I（a）.

［119］ 2014 PPWT，Article I（c）.

［120］ International Institute of Air and Space Law，"The Hague International Space Resources Governance Working Group"，https：//www. universiteitleiden. nl/en/law/institute‐of‐public‐law/institute‐of‐air‐space‐law/the‐hague‐space‐resources‐governance‐working‐group.

［121］ Building Blocks，Article 2. 4.

［122］ Building Blocks，Article 2. 5.

［123］ Skopowska，supra note 111，43‐44.

［124］ Building Blocks，Article 2. 4 and 2. 5.

［125］ UNOOSA，"Space Law Treaties and Principles"，https：//www. unoosa. org/oosa/en/ourwork/spacelaw/treaties. html.

［126］ 51 U. S. Code § 51303.

第4章 在轨服务：安全与法律方面

摘 要 在轨服务能力似乎是太空 2.0 的"游戏规则改变者"。报废卫星和其他空间基础设施在轨服务（OOS）领域取得的最新进展，增加了在国际层面为新的航天工业制定全面法律制度的必要性。OOS 的主要挑战涉及几个不同的领域，既有法律方面的，也有技术方面的，但可能有一个共同的问题：空间安全。OOS 的双重用途性质引起了人们对这些技术可用于空间军事目的的关注。降低预期风险和实际风险是投资者进入市场的必要条件。一种可能的解决办法是，从业者利用现有或新的讨论平台开发一种自下而上的立法方法。法律史已经表明，当传统的自上而下的方法失败、出现僵局时，以实践为基础的规则将成为法律。

4.1 引言

2019 年 12 月，美国诺斯罗普·格鲁门公司（Northrop Grumman）启动了世界上第一个商业机器人卫星服务任务，开创了未来几年预计将成为数十亿美元市场的先机[1]。虽然现在运行的卫星都是一次性的，但在未来的十年里，用机器人给它们加油、维修和升级的能力可能会改变商业、民用和军事空间活动。

然而，在轨服务并不是一个全新的概念。虽然在轨交会任务可以追溯到阿波罗时代，但传统的利用舱外活动的有人参与的 OOS，自 20 世纪 80 年代就开始实施了[2]。最知名的任务之一是以修复哈勃太空望远镜主镜光学缺陷（导致观测结果模糊）为目的的第一次维修任务[3]。自那时起，OOS 活动便已经在哈勃太空望远镜和国际空间站等系统上出现了[4]。

如今，OOS 已发展扩大到有可能为空间经济提供新的前景，同时确保外层空间探索和利用的长期可持续性[5]。最重要的是，这些活动在无人参与的情况下是可行的。虽然在轨服务有望确保空间的可持续性，但同时也为空间安全制造了更大的隐患。尽管 OOS 并非严格意义上的军事空间活动，但其机动、交会和操控的核心能力具有双重用途[6]。例如，如果可以为一颗非合作卫星提供服务或离轨操作，那么与一颗合作卫星执行相同的操作将容易得多[7]。这些发展成就，包括主动碎片移除（ADR）行为，展示出了许多人对这些技术的重要关注[8]。

为了阐明与国际空间法、空间安全和 OOS 有关的一些问题，本章的重点将放在 OOS 的双重用途性质、责任事项和安全问题的法律概念上。

4.2 空间安全与在轨服务：设置适当的安全研究背景

正如 Moltz[9] 在冷战期间所说，两个超级大国的政治关系主导了空间安全问题。从这一点来说，空间安全的重点是进入空间的军事和环境问题。由于非政府实体在过去几十年在外层空间出现，而且新的空间商业和资源活动一直在进行，因此有必要扩大安全概念。

一个更宽泛的安全定义应该包括自然威胁和人为威胁，解决环境和军事安全问题，并涵盖相互关联的不同维度。根据 Mayence 的说法，空间安全意味着同时考虑：

1) 外层空间促进安全：将空间系统用于安全和防卫目的。

2) 外层空间的安全保障：如何保护空间资产和系统免受来自自然和（或）人的威胁或风险，并确保空间活动的可持续发展。

3) 来自外层空间的安全屏障：如何保护人类生命和地球环境免受来自外层空间的自然威胁和风险[10]。

Sheehan 说："扩大空间安全概念的好处是，它将某些问题推到政治议程上的更高位置"[11]。但他认为，注意到扩大对安全的理解的做法也有一定风险，这一点也很重要。"如果越来越多的问题被纳入'安全'的范畴，那么从逻辑上讲，这个词就变成了相对于'危险'或'风险'的另一个词，太过包罗万象，以至于在实践中意义甚微；最终，这一概念将没有一致的意义，因而没有作为政策指南的价值。[12]"

因此，限制安全问题的范围是非常重要的[13]；否则，将"安全"一词扩大到诸如 OOS "威胁"或危险等新领域，最终会被归入不恰当的军事范畴，使问题更难处理。

4.2.1 与 OOS 相关的空间安全挑战

为了理解 OOS 技术（正在开发或潜在的）所引起的有关国家安全方面的担忧，有必要对 OOS 空间系统的操作进行一般要求的界定。所有 OOS 和 ADR 系统都需要交会和近距离操作（Rendezvous and Proximity Operations，RPO）技术才能运行[14]。

例如，RPO 能力需要光学相机和/或雷达技术、近实时处理数据能力，以及沿着非常明确的轨迹接近目标的推进能力。根据以上情况，到目前为止已经开发了两种主要的方式来解决 OOS 的安全问题。

首先，根据美国空军空间对抗作战原则（Doctrine on Counterspace Operations），"RPO 是两个驻留空间物体被故意拉近的特定过程。"[15]空间资产的维修需要 RPO 的能力。因此，OOS 能力使航天器子系统组件的检查、维修、更换和/或升级以及航天器消耗品（如燃料、液体、制冷剂）的补充成为可能[16]。

第二种方式的动因来自最近的战略背景，即 OOS 技术可能导致暗含空间武器（反卫星：ASAT）。启用 RPO 系统的主要问题可能来自于在靠近其他系统时，以禁用其关键部件或整个系统（即卫星）为目的而执行的其他活动（例如干扰、抓捕技术、鱼叉枪）。然而，由于 OOS 操作需要几个小时才能完成任务[17]（即使维修系统已预先在太空中运行），这些操作显然不是快速事件。因此，这些需求需要更长的时间线，使"目标"空间系统的操作员有时间确定另一个系统可能正在接近它们。

此外，考虑到一些战略价值原因，由于有更先进的"无损伤"ASAT 技术（即定向能武器），ADR 和 OOS 都不应被视为此类技术。然而，不应完全低估这些技术对军用或民用卫星构成的风险或挑战。Frigoli[18] 在他的重要研究中，理论化论述了由于 OOS 和 ADR 拥有相同的技术（但方法不同），人们对这些技术的使用与外层空间武器化之间的区别表示关切。

然而，正如 Blount 所说，如果 OOS 被用于 ASAT 目的，它们将违反《联合国宪章》第 2 章第 4 条，而且"虽然空间法事实上并不禁止 OOS 技术，但它确实禁止某些通过干扰其他国家的空间活动而侵犯这些国家权利的技术的使用。[19]"

在支持 OOS 必须被视为一种威胁而不是另一种安全问题的观点之前，我们应该遵循一种方法论的方法，并检查有关这一论点的一些标准。

4.2.2　OOS（去）安全化的标准

人们普遍认为，空间安全事项正受到所谓"扩大与缩小"辩论的支配。Bowen 在他的研究[20] 中通过两种主要方法阐明了这一敏感的争论：传统主义者和那些赞成扩大（太空）安全议程的人之间的争论。正如 Bowen[21] 所说，"将一个问题定义为安全问题通常意味着一个威胁可能升级为一个生存问题，而将碎片问题升级为一个生存问题可能是困难的。"

那些赞成扩大安全事项的人，如 Moltz，以空间环境的重要性丰富了空间安全辩论，他认为"与基于国际合作的安全途径相比，以武器为基础的安全途径更难逆转[22]"

方法的区别在于所指对象。对于战略家来说，所指对象是国家安全，而对于其他人（Moltz）来说，所指对象是空间环境本身。不过，正如 Moltz 所说，"鉴于空间活动的复杂性，更广泛的安全定义似乎更适合太空"[23]，以国家为中心的狭隘安全观忽视了这一点。

在认真考虑威尔士国际安全研究学派与 Buzan、Weaver 等人领导的哥本哈根学派之间的差异的同时，探讨了现实主义方法的缺陷，不应拒绝专门从事空间安全事项的需要。尽管如此，为了避免无中生有，我们应该在方法上仔细控制必须安全化的问题。

Hesse 和 Hornung[24] 以及其他学者[25] 可能通过将空间作为关键基础设施（Critical Infrastructure，CI）的理论，将 OOS 框架化为一个高级安全问题。这里出现的主要问题是，是否可以将 OOS 视为对 CI 的威胁，由于 OOS 的双重使用性质被视为对现役和功能卫星的威胁，因此有可能引发安全担忧。

下一节将主要证明，使用更广泛的安全概念会带来不必要的风险，这些风险可能会削弱 OOS 的重要性及其有助于处理轨道碎片的能力和积极改变空间活动运营格局的能力。

4.2.3　OOS 双重用途是一种潜在威胁，而不是另一种安全问题

尽管有各种 ADR 和 OOS 建议，但这些操作都需要空间物体之间的物理交互。出于这

个原因，人们极度担忧这些系统会被用于导致空间武器化的邪恶目的。虽然这些技术的主要目的不是军事，但正如 Chow 提到的，"一个能够执行 OOS 的航天器，也可以摧毁一颗卫星。[26]"

OOS 绝对不能被视为太空武器。但是，是否应该被视为一种能够在太空中产生武器效果的地面或空间能力？分析应侧重于 OOS 的潜在误用以及此类行为可能对其他系统造成的不可逆影响的程度。根据美国国防情报机构[27]的说法，定向能武器、网络威胁和轨道威胁可以造成暂时或永久的影响。一些作者[28]将无人抵近操作的能力视为一个条件，以便从理论上证明可能的误用会导致 ASAT 的使用。

采用上述方法，就有可能把每一颗具有机动能力的卫星设想成一个潜在的敌对在轨系统。此外，所有 ADR 和 OOS 系统自其概念阶段起就有可能被视为潜在的 ASAT 武器。基于这些原因，区分定义、概念、解释和用途是至关重要的。

4.3 处理"他人"认知与 OOS

正如 Wolf[29]指出的那样，在和平利用外层空间问题上的矛盾似乎源于这样一个事实，即传统空间法从未对"和平"一词做出准确的定义。"由于定义含糊，可作各种解释，通常不会被人们认为和平的某些活动被认为是"非侵略性活动。[30]然而，许多活动都与他人的认知有关。美国航天飞机是早期 OOS 技术的代表，如今很少被认为具有反卫星能力；但在最初几年，苏联反对航天飞机与卫星交会并将其拖进太空[31]。

从我们的观点来看，在 OOS 发展的这一阶段，利益相关者关于透明度与建立信任措施（TCBMs）的工作似乎很重要。为了实现这一目标，正如 Frigoli 在从非诉讼纠纷解决机制的角度处理这一问题时所解释的那样[32]，在和平探索和利用外层空间的活动受到可能有害的干扰、可能无法进入太空的情况下，强制性的国际协商应发挥关键作用。尽管如此，由于一些 OOS 项目是由军事组织（即 DARPA）资助，不可避免地会产生一些具体问题，譬如：这是否会导致空间武器化，以及如果会，又有哪些法律来限制这种武器化[33]。

有鉴于此，下面的法律分析将试图解释这一（并非全部）新类别的空间任务如何符合或不符合现行法律框架。

4.4 与 OOS 活动有关的法律方面

虽然 OOS 和 ADR 技术有很大的相似性，两者都有助于空间环境的可持续性，但它们之间的主要区别之一是 OOS 的主要目的是以成本效益替代空间系统维护的传统方法[34]。ADR 的主要效益只有在长期内才能实现，因为它降低了发生意外事故的可能性。但是，OOS 通过延寿服务提供短期利益，从而兼顾了政府和私营部门空间活动能力的拓展[35]。

在每种技术最初目的上存在的这种差异，一方面源于不同的法律问题，另一方面源于不同的法律方法。目前没有任何国家或国际文本明确规制 OOS，但空间法制度涵盖了这些技术的很大一部分，下文将对此进行解释。Blount 在他全面的法律分析报告[36]中探讨了 OOS 是否符合当前的法律框架。不可否认"这些技术本身并不构成空间武器"，任何以 ASAT 使用 OOS 的行为都侵犯了其他国家在《联合国宪章》第 4 章第 2 条协议项下的权利。然而，正如他所说的，这些技术仍然可能被认为是 ASAT。

《外空条约》（OST）没有明确涉及 ASAT 或在空间部署常规武器的问题[37]；我们必须依赖《外空条约》和一般国际法对外层空间活动的责任规定，以及源于 OST 第一条、第四条的禁止对外层空间的有害污染和对外层空间活动的有害干扰的原则[38]。此外，根据一般国际法，国家和国际组织对其活动承担国际责任。国际不法行为的责任必须与 OST 第七条规定的责任制度以及下一步将讨论的《责任公约》相区别。

如果从传统的军备控制角度来处理这一问题，将陷入与 ASAT 和防止外空军备竞赛（Prevention of an Arms Race in Outer Space，PAROS）谈判同样的僵局。前进的唯一途径是区分 OOS 的用途。事实上，没有有效的军备控制制度或条约禁止 ASAT，并不意味着 OOS 活动应该是不可控的。正如 Chow 所建议的[39]，可以通过禁止某些活动来控制 OOS（例如，不同时与另一个国家的卫星过于接近并威胁到它等）。

虽然对 OOS 潜在的"破坏稳定"用途的关注必须加以管制，但也应把重点放在必须考虑的其他法律方面，如国际责任和许可事项、保险问题、知识产权和标准化（这些问题将不在这里讨论）等。由于 OOS 活动似乎是由商业的、非政府实体执行的，解决与 OOS 商业部署相关的一些问题也非常重要。

4.4.1　责任、义务与许可问题

当外层空间的空间物体遭受损害时，《外空条约》第七条与《责任公约》一同规定了对受害国的赔偿机制。《责任公约》确立了缔约国对其共同发射的空间物体造成的损害向其他缔约国承担连带责任的制度。对第三方造成的损害的赔偿责任分为两部分：对空间中发生的对其他航天器的损害是基于过失的赔偿责任和基于非过失的对其他空间物体造成的损害的绝对赔偿责任，前一种情况仅限于其过失的程度[40]。这里涉及《责任公约》第三条中"过失"一词的含义。一些作者指出，尚不清楚条约是指过失责任制度范围内的过失，还是指不法行为的国家责任制度范围内的过失。这会如何影响 OOS？Dennerley[41]为了区分关于"过失"一词的两种解释方法（在责任制度和赔偿责任下），提出这可能对空间物体碰撞的补偿和赔偿产生影响。

由于《责任公约》中未规定保险义务，而且《责任公约》提供的补救措施只在国家之间适用，特别是当 OOS 活动由私营空间行为者实施时，有一些法律问题需要解决。《外空条约》赋予了各国直接监督非政府行为者的责任。关于许可证和保险条例均有重要的国家法律规制，但国内层面在授权和持续监督方面的差距造成了一个法律真空，两种力量相互抵消。正如 Blount 所说："没有监管确定性，投资者就不愿意投资；没有产业投资，监管机构就不会被迫制定规则。"[42]

4.4.2 空间保险

空间保险产业是一个没有国际监管的高风险领域[43]。正如 Gaubert 全面解释的，"空间保险有两种类型：一种是第一方财产保险，另一种是第三方责任保险，涉及发射国或卫星运营商/所有人的第三方责任，其发射装置、卫星或其组成部分被认为应对在轨运行期间给第三方造成的损害负责"[44]。

与第三方责任保险相反，根据国际法或国内法，不存在由空间运营商承担的保险义务。为轨道资产投保的决定完全取决于运营商或其客户。该保险合同只属于私营部门，扮演着安抚太空项目投资者的角色，即他们的投资将是安全的，并且在发生损坏或发射失败的情况下有保险覆盖。在谈到空间财产损害保险时，应确定三个风险期，即发射前、发射和在轨期间。

空间活动和航天器的保险充分体现了风险管理的重要意义。在目前的 OOS 情况下，风险管理对于被保险人和投资者来说，所有类型的保险（特别是第三方责任）都是至关重要的；因为 OOS 操作相比常规卫星轨道维护具有更大的风险。正如 Reesman 所指出的，OOS 有所不同："服务飞行器可以投保责任险，其中包括发射和性能能力，承保损失、损坏或故障；而要维修的卫星可以投保，也可以不投保，但与服务商签订的合同将概述预期。此外，第三方责任保险将涵盖对服务协议中未涉及的资产造成的损害。"[45]

此外，根据上面已经讨论的与风险管理相关的内容，OOS 可以作为一种风险缓解策略。为卫星提供服务或维修有助于避免灾难性损失，并可避免支付保险费[46]。

4.5 下一步：自下而上的立法途径

在空间活动私有化的时代，新的非政府行为者在新的航天工业中开拓了新市场，或至少是计划开拓新市场。私营企业的这一新兴趋势的特点是创造性的"开箱即用"思维，带来革命性的思想和观念。虽然国家"太空机密"仍被妥善保管，但新兴的航天产业希望拥有旧有的传统航天产业所不具备的：一种非官僚、完全符合成本效益而不是自上而下的政府办事方式。在这个时代，传统航天产业与新兴航天产业呈现出共生关系[47]。

国际空间法和国家空间立法之间存在着同样的共生关系。在这所谓的空间法的"第四阶段"（从广义上讲），正如 von der Dunk 所解释的那样，法律制定的角色变化遵循着新的趋势。因此，当下，"空间法不应仅指那些主要源自外空委怀抱，或者更确切地说源自大多数主要航天国家之间合作的全球条约、决议和其他法律或软法律发展。"[48]在这种情况下，自下而上的立法[49]作为传统自上而下立法的一种替代方法，并不是以国家决策者为特点，而是以公共和私营部门的实践者为特征；与从业者通常拥有的以往经验相比，这一过程具有很大的优势。因此，一个更详细的、谨慎的起草过程开始了；随着时间的推移，最初没有约束力的规则将成为法律。

综上所述，当前，空间领域是一个自下而上立法的特权领域，原因有两个：第一，联合国空间法是在国家为这一领域唯一行为者的时候通过的，当时空间活动主要是出于战略目的[50]。今天，国家立法、国家最佳实践或组织驱动的努力（例如 DARPA[51] 关于 OOS）开始为商业活动构建新的法律环境。第二，关于裁军谈判会议（裁谈会）的传统军备控制办法仍然处于僵局，阻碍了该领域的发展。所有有用的工具都是在联合国和平利用外层空间国际论坛上开发的，包括机构（如欧洲空间政策研究所、安全世界基金会）在内的非国家行为者的贡献应得到提升。

制定能够管制 OOS 活动的管制机制或法律文书的一个可能办法是使所有利益攸关者，特别是非政府行为者，使用一种自下而上的替代办法；该立法方法最初基于非正式的、基于实践的规则，促使形成国家或国际层面上的正式法律文书。

在国际贸易法领域也有类似的成功案例。

Janet Koven Levit 在一篇非常有用的文章中提到，自下而上的立法产生了一个具体的、技术性的监管制度。正如她指出的那样，"跨国法律程序通常是从一项条约或其他法律文书开始的，这些条约或文书会触发一个逐步下降的过程，使国内法律制度吸收国际法。相比之下，自下而上的立法以软规则上升到法律地位为特点。[52]"这类过程始于一个相对较小的、同质的立法小组，该小组制定了实质性规则，这些规则基本上是源自各自从业人员实践的有机规范。Levit 以几个国际贸易法条约为例，研究了自下而上立法实践的成功之处，似乎与 OOS 有各种相似之处。

从这个意义上说，非国家行为者，如上述人员，以及 OOS 从业人员（甚至来自公共部门）可以发起一个在现有多边论坛之外进行的进程，至少可以绕过防止外空军备竞赛的僵局。此外，鉴于与 ADR 相关的不同目的，OOS 自下而上的立法过程倡议可以开展自主研究，因为这主要是本书的目的。近年来，ADR 研究取得了丰硕的成果，但 OOS 的研究也应放在其自身的理论、战略、法律和政治背景下进行。

4.6　结论

在 de Waal Alberts[53] 的研究中，采用牛津大学的分析报告，以方法论作为工具，类比了航空工业和航天工业之间现有的技术。作者认为，航空工业向成熟的商业工业转型的转折点是引进了独特的技术创新（喷气发动机）。那么，SpaceX 可重复使用的发射系统或 OOS 技术的最新发展，作为新的太空时代发展的条件，能否被接受？

毫无疑问，OOS 能力似乎改变了游戏规则。即使 OOS 的领域看起来并不等同于喷气式发动机；但在未来几年，在轨服务可能会成为太空中发生的许多事情的核心。正如 Pelton[54] 所描述的，OOS 技术可能被证明是从轨道上清除太空垃圾、修复异常或延长老化卫星的使用寿命、制造和加工太空材料、建造太阳能卫星等的关键。

虽然这些新技术是由政府空间机构和组织开发的，但由于国家安全事务占主导地位，这些技术的商业性质越来越多地涉及私营部门。此外，由于国家和国际（空间）法律都没有直接涉及 OOS 能力，因此有必要制定专门的规范和法律，以克服不确定性，促进投资和创新。

　　尽管如此，技术的双重使用性质具有不同的实践和法律后果，需要进一步规范。具体到本文中，外空武器的双重用途能力提出了与空间武器化有关的问题，导致外空武器成为防止外空军备竞赛议程的一部分，最终陷入僵局。正如 Martinez 总结的那样，"关于禁止放置和使用空间武器的具有法律约束力的文书的可取性，似乎没有达成共识。"[55]

　　因此，制定促进空间可持续性的自愿框架（这是 OOS 的主要目的）为取得进展提供了一些空间。通过让所有利益相关方（特别是非政府利益相关方）以自下而上的立法方法参与制定国家和国际文书，可以打破传统的僵局。最后，政府可以选择是否将这些不具约束力的（软法律）文书本土化，因为他们要为自己的选择对公民负责。

作　者　简　介

　　约翰·齐欧拉斯（John Tziouras）是塞萨洛尼基亚里士多德大学（希腊）法学院的在读博士研究生。他的研究兴趣是空间安全和空间法。他在塞萨洛尼基亚里士多德大学获得国际和欧洲法律研究的法学硕士学位。他是欧洲空间法中心的成员，现在是地方当局的特别顾问。

参 考 文 献

［1］ Oxford Analytica Daily Brief，'Space Servicing Industry Could Destabilize Geopolitics'（Daily - brief. oxan. com，12 December 2019）https：//dailybrief. oxan. com/Analysis/DB249391/Space - servicing - industry - could - destabilise - geopolitics，accessed 2 March 2020.

［2］ International Space University，'DOCTOR：Developing On - Orbit Servicing Concepts，Technology Options，and Roadmap'（2007），Final Report，Summer Session Program.

［3］ C. Joppin，On - Orbit Servicing for Satellite Upgrades（Massachusetts Institute of Technology 2004）28.

［4］ D. Hastings，E. S. Lamassoure，A. L. Weigel，J. H. Saleh，'Policy Enablers for the Development of a Space - Based Infrastructure'，in W. A. H. Thissen and P . M. Herder（eds）Critical Infrastructures：State of the Art in Research and Application（Springer Science + Business Media 2003）124.

［5］ M. Frigoli，'Between Active Debris Removal and Space - Based Weapons：A Comprehensive Legal Approach' in Annette Froehlich（ed）Space Security and Legal Aspects of Active Debris Removal（Springer Nature Switzerland AG 2019）52.

［6］ P . J. Blount，'On - Orbit Servicing and Active Debris Removal：Legal Aspects' in A. N. Pecujlic and M. Tungoli，Promoting Productive Cooperation Between Space Lawyers and Engineers（IGI Global 2019）180.

［7］ J. Alver，A. Garza，C. May，An Analysis of the Potential Misuse of Active Debris Removal，On - Orbit Servicing，and Rendezvous & Proximity Operations Technologies，Elliot School of Inter national Affairs，The George Washington University（swfound. org，6 May 2019）https：// swfound. org/media/206800/misuse _ commercial _ adr _ oos _ jul2019. pdf，accessed 2 March 2020.

［8］ B. G. Chow，'Space Arms Control：A Hybrid Approach'（2018）12 Strategic Studies Quarterly，107 - 132.

［9］ J. C. Moltz，The Politics of Space Security：Strategic Restraints and the Pursuit of National Interests（Stanford University Press 2011）11.

［10］ J. F. Mayence，'Space Security：Transatlantic Approach to Space Governance' in J. Robinson，M. P. Schaefer，K - U Schrogl，F. von Der Dunk（eds）Prospects for Transparency and Confidence - Building Measures in Space，European Space Policy Institute Report 27，（ESPI 2010）35.

［11］ M. Sheehan，'Defining Space Security' in K - U Schrogl，P. L. Hays，J. Robinson，D. Moura，Ch. Giann opapa（eds）Handbook of Space Security（Springer Science + Business Media New York 2015）19.

［12］ Ibid.

［13］ Ibid. ，20.

［14］ J. Alver，A. Garza，C. May，An Analysis of the Potential Misuse of Active Debris Removal，On -

Orbit Servicing, and Rendezvous & Proximity Operations Technologies, Elliot School of International Affairs, The George Washington University (swfound. org, 6 May 2019) https: // swfound. org/media/206800/misuse _ commercial _ adr _ oos _ jul2019. pdf, accessed 2 March 2020.

[15]　USAF Doctrine on Counterspace Operations, Procedures for Space Rendezvous and Proximity Operations, JP 3 – 14, Annex 3 – 14 (10 April 2018).

[16]　Ibid.

[17]　P. Colmenarejo, G. Binet, L. Strippoli, T. V. Peters, M. Graziano (eds) GNC Aspects for Active Debris Removal, Proceedings of the EuroGNC 2013, 2nd CEAS Specialist Conference on Guidance, Navigation & Control, Delft University of Technology, The Netherlands (aerospace – europe. eu, 10 – 12 April 2013) https: //aerospace – europe. eu/media/books/delft – 0084. pdf, accessed 2 March 2020.

[18]　M. Frigoli, 'Between Active Debris Removal and Space – Based Weapons: A Comprehensive Legal Approach' in Annette Froehlich (ed) Space Security and Legal Aspects of Active Debris Removal (Springer Nature Switzerland AG 2019).

[19]　P. J. Blount, 'On – Orbit Servicing and Active Debris Removal: Legal Aspects' in A. N. Pecujlic and M. Tungoli, Promoting Productive Cooperation Between Space Lawyers and Engineers (IGI Global 2019) 182.

[20]　B. E. Bowen, 'Cascading Crises: Orbital Debris and the Widening of Space Security' (2014) 12 Astropolitics: The International Journal of Space Politics & Policy, 46 – 68.

[21]　Ibid. , 52.

[22]　J. C. Moltz, The Politics of Space Security: Strategic Restraints and the Pursuit of National Interests (2nd edition Stanford University Press 2011) 351.

[23]　Ibid.

[24]　M. Hesse and M. Hornung, 'Space as a Critical Infrastructure' in K – U Schrogl, P . L. Hays, J. Robinson, D. Moura, Ch. Giannopapa (eds) Handbook of Space Security (Springer Science + Business Media New York 2015).

[25]　L. Mure san and A. Georgescu, 'The Road to Resilience in 2050: Critical Infrastructure and Space Security' (2015) 160 The Royal United Services Institute Journal.

[26]　B. G. Chow, 'Space Arms Control: A Hybrid Approach' (2018) 12 Strategic Studies Quarterly, 108.

[27]　Defense Intelligence Agency, 'Challenges to Security in Space' (Dia. mil, January 2019) https: // www. dia. mil/Portals/27/Documents/News/Military％20Power％20Publications/Space _ Threat _ V14 _ 020119 _ sm. pdf, accessed 3 March 2020, 36.

[28]　B. G. Chow, 'Space Arms Control: A Hybrid Approach' (2018) 12 Strategic Studies Quarterly, 107 – 132.

[29]　J. M. Wolf, 'Peaceful Uses of Outer Space has Permitted its Militarization – Does it Also Mean its Weaponization?' (2003) 1 Disarmament Forum 5.

[30]　Ibid.

[31]　L. Grego, 'A History of Anti – Satellite Weapons' Union of Concerned Scientists (ucsusa. org January 2012) https: //www. ucsusa. org/sites/default/files/2019 – 09/a – history – of – ASAT –

programs _ lo – res. pdf. Accessed 2 March 2020.

[32]　M. Frigoli, 'Between Active Debris Removal and Space – Based Weapons: A Comprehensive Legal Approach' in Annette Froehlich (ed) Space Security and Legal Aspects of Active Debris Removal (Springer Nature Switzerland AG 2019).

[33]　P. J. Blount, 'On – Orbit Servicing and Active Debris Removal: Legal Aspects' in A. N. Pecujlic and M. Tungoli, Promoting Productive Cooperation Between Space Lawyers and Engineers (IGI Global 2019).

[34]　Y . Porat et al. , 'The On Orbit Servicing Answer to Safety and Sustainability for Future Space Activities', 67th International Astronautical Congress, Guadalajara, Mexico, 26 – 30 September 2016.

[35]　UNCOPUOS (Scientific and Technical Subcommittee), 'Active Debris Removal—An Essential Mechanism for Ensuring the Safety and Sustainability of Outer Space' (27 January 2012) UN Doc A/AC. 105/C. 1/2012/CRP. 16, 28.

[36]　P. J. Blount, 'On – Orbit Servicing and Active Debris Removal: Legal Aspects' in A. N. Pecujlic and M. Tungoli, Promoting Productive Cooperation Between Space Lawyers and Engineers (IGI Global 2019).

[37]　J. M. Wolf, 'Peaceful Uses of Outer Space has Permitted its Militarization – Does it Also Mean its Weaponization?' (2003) 1 Disarmament Forum 5.

[38]　M. Frigoli, 'Between Active Debris Removal and Space – Based Weapons: A Comprehensive Legal Approach' in Annette Froehlich (ed) Space Security and Legal Aspects of Active Debris Removal (Springer Nature Switzerland AG 2019).

[39]　B. G. Chow, 'Space Arms Control: A Hybrid Approach' (2018) 12 Strategic Studies Quarterly, 107 – 132.

[40]　C. Gaubert, 'Insurance in the Context of Space Activities' in F. von der Dunk and F. Tronchetti, Handbook of Space Law, (Edward Elgar Publishing 2015) 910.

[41]　J. A. Dennerley, 'State Liability for Space Object Collisions: The Proper Interpretation of 'Fault' for the Purposes of International Space Law' (2018) 29 European Journal of International Law 281 – 301.

[42]　P. J. Blount, 'On – Orbit Servicing and Active Debris Removal: Legal Aspects' in A. N. Pecujlic and M. Tungoli, Promoting Productive Cooperation Between Space Lawyers and Engineers (IGI Global 2019).

[43]　R. Abeyratne, Space Security Law (Springer – Verlag Berlin Heidelberg 2011) 67.

[44]　C. Gaubert, 'Insurance in the Context of Space Activities' in F. von der Dunk and F. Tronchetti, Handbook of Space Law, (Edward Elgar Publishing 2015) 910.

[45]　R. Reesman, 'Assurance Through Insurance and On – Orbit Servicing' Center for Space Policy and Strategy, The Aerospace Corporation, (Aerospace. org, May 2018) https: //aerospace. org/sites/default/files/2018 – 5/OnOrbitServicing. pdf. accessed 28 February 2020.

[46]　Ibid.

[47]　E. Jonckheere, 'The Privatization of Outer Space and the Consequences for Space Law', Faculty of Law and Criminology Ghent University, (2018) | J. K. Levit, 'A Bottom – Up Approach to Inter –

national Lawmaking：The Tale of Three Trade Finance Instruments' (2005) 30 The Yale Journal of International Law 129 – 132.

[48] F. von der Dunk, 'International Space Law' in F. von der Dunk and F. Tronchetti (eds), Handbook of Space Law, (Edward Elgar Publishing 2015).

[49] J. K. Levit, 'A Bottom – Up Approach to International Lawmaking：The Tale of Three Trade Finance Instruments' (2005) 30 The Yale Journal of International Law 129 – 132.

[50] F. von der Dunk, 'International Space Law' in F. von der Dunk and F. Tronchetti (eds), Handbook of Space Law, (Edward Elgar Publishing 2015).

[51] D. A. Barnhart and R. Rughani, 'On – Orbit Servicing Ontology applied to Recommended Standards for Satellite in Earth Orbit' (2019) 70th International Astronautical Congress (IAC), IAC – 19 – D1. 6. 9, Washington D. C. , International Astronautical Federation.

[52] J. K. Levit, 'A Bottom – Up Approach to International Lawmaking：The Tale of Three Trade Finance Instruments' (2005) 30 The Yale Journal of International Law 129 – 132.

[53] A. de Waal Alberts, 'The Probable Contribution of the Post – 2030 Space Industry to Global Economic Development' in A. Froehlich (ed), Post 2030 – Agenda and the Role of Space：The UN 2030 Goals and Their Further Evolution Beyond 2030 for Sustainable Development, (Springer International Publishing 2018) 78.

[54] J. N. Pelton, 'On – Orbit Servicing, Active Debris Removal and Repurposing of Defunct Spacecraft' in J. N. Pelton (ed), Space 2. 0 Revolutionary Advances in the Space Industry (Springer Nature Switzerland 2019).

[55] P. Martinez, 'Space Sustainability' in K – U Schrogl, P. L. Hays, J. Robinson, D. Moura, Ch. Giannopapa (eds) Handbook of Space Security (Springer Science ＋ Business Media New York 2015) 271.

第 5 章　在轨服务：非洲航天事业的机会？

摘　要　在轨服务（OOS）极有可能通过延长卫星寿命、在轨维修和升级以及主动移除碎片，彻底改变航天产业。这一领域经历了多年的演变，当前正处于机器人 OOS 的早期发展阶段，不仅引起了发达空间行为者的兴趣，对包括非洲在内的南半球发展中空间行为者也具有极大的吸引力。近年来，随着越来越多的非洲卫星服务于社会、政治和经济发展目标，非洲大陆的航天领域取得了快速发展。然而，一些高价值卫星的故障或损伤也阻碍了这一发展进程，因此，OOS 对非洲来说，可能发挥至关重要的作用。非洲空间局的成立和非洲空间政策与战略的制定，也为非洲大陆作为 OOS 领域潜在供应商而不仅仅是消费者奠定了基础。然而，仍然存在重大挑战，本文以爱德华·穆库卡·恩科洛索（Edward Mukuka Nkoloso）（非洲航天领域失败的先驱）的案例用来框定处理这些问题的方法。

我认为未来的赞比亚是一个航天时代的赞比亚，拥有比俄罗斯和美国更先进的技术……如果按照我的方式运行，赞比亚将随着学院火箭发射到太空的爆炸声一起诞生……如果赞比亚要成为星际空间第七天堂的控制者，赞比亚政府现在应该对太空计划提供资助……新的科学赞比亚的首都看起来一定很美。远道而来的人们决不能把贫民窟看作世界上最伟大的科学国家的首都。赞比亚人在科学技术方面不比任何人逊色。太空计划一定会实现。

爱德华·穆库卡·恩科洛索（Edward Mukuka Nkoloso）[1]

5.1　引言

本章以探讨一个关键问题的方式，提出了与非洲航天领域有关的在轨服务问题——在这一新兴领域，非洲大陆的空间行为者还有足够的空间吗？为了找到这个问题的答案，本章首先回顾了 20 世纪 60 年代赞比亚建立航天计划的一个相对不为人知的案例，这构成了本章其余部分的框架；然后简要回顾了 OOS 的概念和演变；在此基础上，总结了非洲的航天背景，探讨了 OOS 对非洲的重要性，以及非洲更多参与这一领域的机会与障碍；最后，综合各方面给出结论，并提出一些关键的考虑。

1964 年，赞比亚独立，当时，爱德华·穆库卡·恩科洛索（Edward Mukuka Nkoloso）是一名小学科学教师。他曾是一位自由斗士，他在非官方的国家科学院、空间研究院和哲学院领导发起了赞比亚的航天计划[2]。恩科洛索创造了"非洲航天员"一词，他的目标是在美国和苏联之前登上月球，并最终到达火星[3]。他的航天计划宣言声称："我们的航天器，"独眼巨人一号"（Cyclops I）将翱翔在第七天堂本轮之外的宇宙深渊……，我们的后代，黑人科学家，将继续探索宇宙的无限空间，直到我们控制了整个外层空间"[4]。然而，尽管他向联合国教育、科学及文化组织（联合国教科文组织，UNESCO）提出了 7 000 万英镑的请求，但这一崇高的抱负并没有得到官方的支持或资助（其他来源分别描述为 7 亿美元和 7 亿英镑）[5]。据报道，恩科洛索还向以色列、苏联、美国和阿拉伯联合酋长国申请了从"2000 万到 20 亿美元"不等的资金[6]。

尽管他呼吁支持，赞比亚电力、运输和通信部在 1988 年公开表示，"赞比亚政府从未认真对待这一问题，因此也没有对恩科洛索先生的提议提供任何官方支持。该方案自然消亡了"[7]。由于缺乏官方支持，恩科洛索的努力只获得了"一张 10 卢比的钞票，是一个有航天思维的印度小学生寄来的"[8]。他别无选择，不得不经营自己的临时训练设施，并与一小群志愿受训者合作，这些受训者包括"12 名赞比亚航天员，其中包括一名 16 岁的女孩"；他们的训练包括"在油桶里绕着一棵树旋转，教他们用手走路，即'人类在月球上行走的唯一方式'"[9]。学员们还"轮流爬进一个油桶，油桶在崎岖的地面上蹦蹦跳跳地从山上滚下来"[10]。他模拟失重的方式是"让他们在一根长绳的末端摇摆，当他们到达最高点时割断绳子，然后自由落体"[11]。他的计划是最终将"受过特殊训练的太空女孩、两只猫（也受过特殊训练）和一名传教士"送上火星[12]。尽管恩科洛索的用意很好，但他和他的团队遭到了广泛的嘲笑，被嘲笑为"疯子"[13-14]，而他被痛斥为"赞比亚的乡村白痴"[15]。最终，他怀揣的让赞比亚成为伟大太空参与者的梦想，在阿波罗 11 号登陆月球时，破灭了，他对梦想的追求也破灭了。他的受训者出于绝望离开了航天学院。"[16]在后来的几年里，他攻读了法律学位，1983 年从赞比亚大学毕业。1989 年，在他去世前的最后一次采访中，他继续表达了自己对太空的热爱："我仍然对人类的未来抱有憧憬。我仍然觉得人类可以自由地从一个星球迁移到另一个星球"[17]。

在很多方面，恩科洛索都是他所处时代的牺牲品。在将赞比亚（前北罗得西亚）从英国统治下解放出来的斗争中，他被逮捕，并受到北罗得西亚警察的酷刑。一些评论员认为，"在那之后，他失去了理智"[18]。此外，赞比亚在实现独立后，"非洲出生的高中毕业生不到 1500 人，大学毕业生不到 100 人"[19]。因此，对许多人来说，赞比亚能够参加空间活动，甚至拥有自己的航天计划是不可思议的，今天，一些人将他的行为视为一种鼓舞，因为"在当时赞比亚的环境中的绝大多数人完全不可能有这样的想法"[20]。这个引言的目的是要说明，当从非洲的角度来探讨 OOS 的话题时，非洲大陆有必要重新点燃和激发爱德华·穆库卡·恩科洛索的这种远见卓识。他的例子清楚地表明，非洲人渴望在太空中取得伟大成就，而且我们有充分的理由相信，这种渴望的精神也适用于这个最新的前沿领域。然而，非洲大陆也必须从这个例子中吸取宝贵的教训，并通过人的能力发展、技术和科学技能、对研发的投入以及更多的监督管理者参与来适当支持非洲人民的远大理想。

5.2　在轨服务：概念和演变

OOS 被认为是一种具有变革性和颠覆性的"有利可图"的技术，代表着建立空间经济体系的重大变革。它可以对卫星和其他航天器进行维修、更新、加油、再利用和再循环，并"提高整个任务的稳健性，提供独特的能力，通过发射后操作改善风险状况"[21]。因此，卫星也可以随着技术的发展而不断升级，大大延长它们的寿命。OOS 还考虑到主动移除碎片的可能性，鉴于轨道碎片的迅速增长，这是一个重要的考虑因素。自 1957 年以来送入轨道的卫星大约有 9 600 颗，其中约有 5 500 颗仍驻留在太空中，约有 2 300 颗仍处于活跃状态[22]。据估计，目前有 34 000 个大于 10 cm 的物体，近 100 万个大小在 1 ~ 10 cm 之间的物体在轨道上运行；小于 1 cm 的物体数量超过 1 亿。地球轨道上所有空间物体的总质量约为 8 800 t。因此，有充分的理由将低地球轨道（LEO）描述为"世界上最大的垃圾场"[23]。无论是发达国家、发展中国家、商业、政府、军事还是私营部门，都不能忽视空间碎片对外层空间活动长期可持续性的威胁。

就像航天领域本身一样，OOS 也经历了几个阶段。在第一阶段中，迎来的第一个真正的卫星服务任务是修复 1973 年发射的美国天空实验室空间站（American Skylab station）。在发射过程中，用来保护空间站不受过热影响的微流星体防护罩被损坏，其中一个太阳能电池板被撕掉，第二个太阳能电池板也被卡住[24]。这严重限制了空间站的可用性，同时也会危及未来的航天员安全。因此，在第一次载人任务中进行了一次太空行走，航天员释放了剩余的太阳能电池阵列，并安装了一个可移动的太阳能电池，以保持空间站的温度在可接受的水平上。这是首个在轨服务的例子，这次在轨服务挽救了天空实验室，并保证了后面的三次载人任务和数百次实验任务的成功，获得了在太空生活和工作的宝贵经验。类似的操作是 1985 年对礼炮 7 号（Salyut 7）的修复[25]。在地面与空间站失去联系之后，航天员进行了人工对接，并对空间站的电气、水和通信系统进行了大修。这两个例子都是 OOS 的例子，延长了两个空间站的寿命。特别是在礼炮 7 号上，空间站完全失去了通信和电力，但苏联航天员凭借勇气和技巧将其挽救回来。因此，这一阶段的特点是政府航天机构对轨道上的载人空间站进行维修，而航天员参与的在轨维修与服务的传统一直延续至今，国际空间站的在轨建设及定期维护也包括了太空行走。

OOS 的第二阶段始于 1984 年。1981 年首次发射的航天飞机在商业服务、救援和回收卫星方面开辟了一系列新的可能性。第一颗由标准化组件建造并被设计用于在轨维修的卫星——太阳极大年使者探测器（Solar Maximum Mission，SMM）于 1980 年发射升空，后来它的姿态控制系统出现故障，影响了其观测太阳的任务[26]，再后来它的日冕仪电子设备也出现了问题。1984 年 4 月，挑战者号航天飞机发射升空执行维修任务，在与卫星交会后，遥控机械手系统（机械臂）抓获了卫星，并将其固定在货舱尾部工作台上，更换了姿态控制和电子箱[27]。SMM 随后继续运行了五年，1989 年重新进入大气层。广为人知的是，哈勃太空望远镜也进行了类似的修复，曾有五个航天员为该望远镜提供服务[28]。另一个里程碑是 1984 年发射的印度尼西亚通信卫星 Palapa B2 未能到达预定的地球同步轨道[29]。由于故障，保险公司不得不向印度尼西亚电信局支付 7500 万美元，并在后来接管了卫星的所有权[30]。随后，他们又与美国国家航空航天局（NASA）签订合同，从轨道上收回卫星，以便对其进行维修和重新发射。Palapa B2 于 1984 年晚些时候被发现号航天飞机取回，并于 1990 年重新发射为 Palapa B2R，所有权转移回印度尼西亚[31]。在同一次任务中，另一颗同样未能到达预定轨道的卫星 Westar 6 也被回收，后来被命名为 AsiaSat - 1[32]重新发射。与 SMM 不同，这两颗卫星都不是为在轨维修或回收而设计的，因此必须为任务开发特定的硬件。很明显，OOS 的第二阶段代表了卫星和保险行业的一个里程碑式转变；正如在这次历史性任务之前所观察到的那样，"首次出售二手卫星将有助于保险公司收回失败后支付的部分资金"[33]。这项任务具有里程碑意义，伦敦劳合社的保险公司授予了航天员银质奖章。卫星延寿的影响怎么强调也不为过，1992 年另一名航天飞机机组人员为 Intelsat 603 安装了助推电机，使其能够到达预定的地球同步轨道，并又在轨运行了 20 年，收入超过 8 亿美元。不幸的是，随着 2011 年航天飞机计划的结束，OOS 的能力受到了极大的影响，国际空间站的维修是目前唯一的例外。

然而，OOS 的另一个重大演变发生在 2019 年，由诺斯罗普·格鲁门公司（Northrop Grumman）制造的任务延寿飞行器 1 号（MEV - 1）由联盟号火箭发射升空[34]。MEV - 1 开创了下一代 OOS，因为它不再需要人类进入轨道执行卫星任务。它的第一个任务——与在轨服役 18 年的 Intelsat 901 交会的第一步已经于 2020 年 2 月完成[35]，MEV - 1 已经签约为这颗推进剂不足的卫星提供为期五年的延寿服务；之后它将推动卫星到一个坟墓轨道，以允许其他卫星接管其在地球同步轨道上的轨位。MEV - 1 设计为可提供 15 年以上的延寿服务，并且能够与多个航天器对接和分离。诺斯罗普·格鲁门公司曾表示，其愿景是"建立一支卫星服务飞行器舰队，不仅能延长卫星的寿命，还能提供倾角变化和航天器检查等其他服务，并利用先进的机器人技术执行在轨维修和组装等附加功能。[36]"虽然MEV - 1 基本上是一艘太空拖船，"即使这样也可以使一些地球同步卫星的寿命增加一倍，这意味着在不增加太多成本的情况下，有更多的潜在收入"[37]。这显然代表了"商业卫星运营的新时代，导致运营成本进一步降低，从而使初创公司和小公司有更多机会参与"[38]。第二颗 MEV 计划于 2020 年晚些时候发射，而美国国家航空航天局也将很快发射Restore - L 机器人加油演示系统（现在称为 OSAM - 1，用于在轨服务、组装和制造任务）。美国国防高级研究计划局也在为地球同步卫星提供机器人服务。Orbit Fab 是另一家从事这一领域工作的公司，它专注于无需对接即可为航天器简单加油的"太空加油站"。对于这个 OOS 新阶段，未来的其他潜在机会包括升级卫星的能力，以实现投资回报的最大化。

图 5 - 1 描述了 OOS 到目前为止的演变，包括每个阶段的主要里程碑。SMM、Palapa B2 和 Westar 6 的回收，全都在 1984 年完成，这一年开创了商业 OOS 活动的新纪元，而不是纯粹的政府 OOS。最近 MEV - 1 的加入开创了机器人 OOS 的新阶段。然而，如图 5 - 1 所示，这没有取代有人参与的 OOS 操作，而是代表了能力的扩展，而这种能力的扩展也是建立在之前的基础上。此外，随着更多商业（以及政府和军事）机器人 OOS 供应商的加入，除了维修之外，现有卫星的新功能的增加和碎片移除，空间经济将迅速扩张。包括远期的再利用和回收废弃的卫星、制造零件和新飞行器在内的新型空间活动很快就会成为现实。

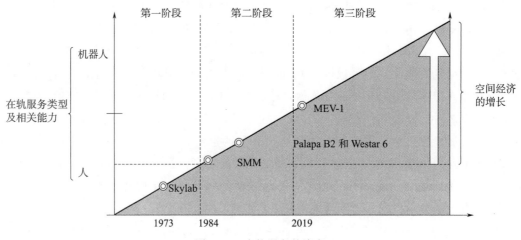

图 5-1　在轨服务的演变

　　五种特定类型的 OOS 已被确定为商业上"最有趣"的任务[39]。它们是在轨加注、姿态和轨道控制系统（AOCS）延寿、离轨、组合体运行（维修飞行器与卫星相连为其提供动力）和机械干预（协助未正确部署的设备）。在上述里程碑示例中，天空实验室、礼炮7号和国际空间站都是机械干预的示例；SMM 是 AOCS 延寿和机械干预的示例（因为更换了零件）；Palapa B2 和 Westar 6 是离轨的示例；而 MEV-1 则通过提供轨道位置保持和姿态控制机动来延长 AOCS 的寿命。然而，这些类型的 OOS 没能包括其他可能的情况，例如在轨翻新和所有权转让，以及从报废卫星中抢救零件用作替换零件或建造新卫星，更不用说回收现有零件在轨道上制造新零件的可能性。所有这些都有可能改变航天领域，并对该行业提出颠覆性挑战。

　　尤其是，它们提出了重大的法律挑战。虽然本文不深入讨论这些问题，但关键的一点是，五项核心外空条约的起草者没有预见到这一新一代的空间活动，因为"现有的国际法律体系最初是在考虑国家民事或军事行为者的情况下建立的，因此缺乏具体性和法律确定性，而这是商业活动所必需的"[40]。特别是，必须回答与《外空条约》和《责任公约》有关的各种法律问题。作为第一点，OST（第八条）规定，"在其登记册上记载射入外层空间物体的条约缔约国，在外层空间或近地天体时，应保留对该物体及其所载人员的管辖权和控制权"[41]。然而，如前所示的太空中的空间碎片和物体的数据，有那么多失效的卫星和碎片留在轨道上，确定所有物体的发射状态和拥有者基本上是不可能的。但是，如果要通过 OOS 移除碎片，则必须获得每个物体的相关所有者的许可，然后才能使其脱离轨道。这是第一个主要的复杂问题，因为"空间资产的所有权实际上永远属于其登记的国家，没有类似于海商法中打捞权的空间救援法。必须在个案基础上，通过国家行为者之间的具体协议取得同意"[42]。第二个主要问题与损害赔偿责任有关，因为《责任公约》（第二条）[43]规定，"发射国应对其空间物体在地球表面或对飞行中的飞机造成的损害承担绝对赔偿责任"，即使可以准许碎片通过 OOS 脱离轨道，发射国仍然对由此造成的损害承担赔偿责任。第三条规定，"如果另一发射国的空间物体在地球表面以外的其他地方对一发射国的空间物体或对此种空间物体上的人或财产造成损害，另一个发射国的空间物体仅在损害是由于其自身或其责任人过失造成的情况下才应承担赔偿责任"[44]。这一规定使问题更加复杂（《责任公约》，第四条第 1 款），"如果另一发射国的空间物体在地球表面以外的其他地方对一发射国的空间物体或对此种空间物体上的人或财产造成损害，并因此对第三国或其自然人或法人造成损害，则前两个国家对第三国承担连带责任"[45]。这些规定造成的混淆是显而易见的：

这些提法留下了解释的余地。目前尚不清楚，如果在维修或正在进行的碎片移除任务中发生事故，可能涉及另一发射国的维修航天器，由哪个国家负责。在执行主动移除任务期间，空间物体脱离轨道对地球造成的损害谁负责？有人可以争辩，根据《责任公约》第三条，脱离轨道的航天器的拥有国可能不承担责任，但第三条具体提到了"在地球表面以外的其他地方"造成的损害。然而，第二条规定，发射国始终对在地球表面造成的损害负责。即使航天器由发射国以外的行为者实施离轨操作，这种情况也适用吗[46]？

最后，在减少碎片或主动移除碎片方面也没有具有约束力的规定。这里的重点是，由于法律法规缺乏明确性，OOS 的商业运营商面临着巨大的财务风险。同样清楚的是，在 OOS 之前必须做大量的工作来澄清这些问题才能发挥其革命性潜力。下一节将综述非洲航天领域的发展，重点是非洲大陆参与空间活动的情况。

5.3 非洲相关情况

尽管爱德华·穆库卡·恩科洛索作了大量努力，但非洲航天领域在冷战结束后才真正建立起来[47]。21 世纪初以来，该领域迅速发展，如图 5-2 所示，到 2020 年，非洲共发射了 40 颗卫星。近年来，随着非洲大陆越来越多的新兴空间行为者利用小型且相对廉价的标准化卫星和组件提供的机会，以及非洲大陆和全球合作空间项目的增长，这一数字迅速增加。多边项目中的非洲合作伙伴也发射了三颗卫星，即 RascomStar（非洲区域卫星通信组织，在毛里求斯注册的电信运营商，它已经发射了两颗卫星）和新曙光（一颗通信卫星，主要由南非投资者资助，包括南非国家开发银行、南非工业发展公司、非洲开发银行和投资管理公司 Convergence Partners[48]）。然而，在新曙光案例中，投资者在 2012 年将其在新曙光的股份出售给了国际通信卫星组织，之后，国际通信卫星组织成为新曙光这颗卫星的唯一拥有者和运营商[49]。由于这一所有权转让，非洲卫星的总数在 2012 年减少了一颗，如图 5-2 所示。

如图 5-3 所示，这些卫星的归属说明了各国在该领域的不同参与程度。虽然其中一些卫星是由传统的航天机构（有或没有伙伴）建造的，但一些像 GhanaSat1 这样的卫星是由加纳私立高校国家大学学院（All Nations University）的学生与九州工业学院（日本）及其全球多国联合卫星项目（缩写 BIRDS）[50]合作建造和测试。该项目耗资约 50 万美元，没有使用加纳的公共资金。这证明非洲人正在寻找参与空间活动的创新方式，而且这些活动范围正在多样化。关于对非洲卫星的深入综述，可参见 Froehlich 和 Siebrits 的

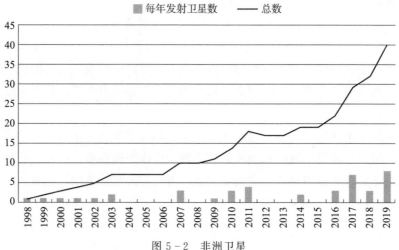

图 5-2　非洲卫星

研究[51]。

与非洲空间活动迅速增加有关的挑战之一是，非洲国家，特别是那些正在从事空间活动的国家，对五项外空条约的执行不均衡和不完整。例如，2019 年 1 月 1 日，埃及签署但未批准《责任公约》，埃塞俄比亚签署但未批准《外空条约》（也未签署任何其他条约），肯尼亚未签署或批准《登记公约》，卢旺达和加纳只签署了但没有批准《外层空间条约》《营救协定》和《责任公约》，安哥拉和苏丹签署了《外空条约》《营救协定》《责任公约》中的一项[52]。摩洛哥是唯一批准五项条约的非洲国家。因此，活跃的航天国家在监管参与空间活动方面明显力不从心，这是一个令人担忧的问题。此外，截至 2019 年，54 个非洲国家中只有 20 个加入了联合国和平利用外层空间委员会（见图 5-4）。更令人担忧的是，只有不到一半的非洲国家参与了围绕 OOS、空间碎片减缓等问题的重要辩论。例如，联合国科学和技术小组委员会（STSC）2020 年会议的报告指出，"为了实施空间活动长期可持续性的指导方针，该小组委员会制定了一系列措施，包括……制定在轨服务与维护以及交会与近距操作标准"[53]以及"小组委员会注意到与在轨卫星机器人服务和延长卫星寿命有关的技术不断发展"[54]。但出席 2020 年科学技术委员会会议的非洲国家只有阿尔及利亚、埃及、肯尼亚、利比亚、摩洛哥、尼日利亚、南非和突尼斯[55]。同样，2019 年法律小组委员会会议，只有阿尔及利亚、布基纳法索、埃及、肯尼亚、利比亚、摩洛哥、尼日利亚和南非出席了[56]。

这是一个令人不安的态势，因为它实际上意味着一些国家及其代表正在为每个人制定规则，包括 OOS 规则。在这方面，"拥有强大工业体系的老牌航天国家在制定适用于空间活动的国际标准、规则和规范方面占了上风"这一事实，导致"国际航天产业条例和标准的不对称发展……［源于］偏向于在制定标准过程中积极参与并影响标准化的强大的既定航天国家"[57]。这种偏见可能导致两种严重的危险："由于新兴空间国家对制定国际空间条例和标准的参与有限，由此产生的法律和规则可能被这些国家视为不具代表性或无效"

阿尔及利亚 (Algeria)	AlSat-1(2002) AlSat-2A(2010) AlSat-1B(2016) AlSat-2B(2016) AlSat-1N(2016) AlComSat-1(2017)	尼日利亚 (Nigeria)	NigeriaSat-1(2003) NigComSat-1(2007)* NigeriaSat-2(2011) NigeriaSat-X(2011) NigComSat-1R(2011) NigeriaEduSat-1(2017)
安哥拉(Angola)	AngoSat-1(2017)*	卢旺达(Rwanda)	RwaSat-1(2019)
埃及 (Egypt)	NileSat-101(1998) NileSat-102(2000) EgyptSat-1(2007)* NileSat-201(2010) EgyptSat-2(2014)* EgyptSat-A(2019) NARSSCube-1(2019) NARSSCube-2(2019) TIBA-1(2019)	南非 (South Africa)	SUNSAT(1999) ZACube-1(2003) SumbandilaSat(2009) KONDOR-E(2014) nSightl(2017) ZA-AeroSat(2017) ZACube-2(2018) XinaBox ThinSat (2019)
埃塞俄比亚(Ethiopia)	ETRSS-1(2019)	苏丹(Sudan)	SRSS-1(2019)
加纳(Ghana)	GhanaSat-1(2017)	其他	RascomStar-QAF 1 (2007)* RascomStar-QAF 1R (2010) New Dawn(2011) [later Intelsat 28]
肯尼亚(Kenya)	1KuNS-PF(2018)		
摩洛哥 (Morocco)	Maroc-TUBSAT (2001) Mohammed VI-A (2017) Mohammed VI-B (2018)		

图 5-3 按国家/实体分列的非洲卫星

注：* 表示卫星故障或受损。

图 5 - 4　联合国和平利用外层空间委员会非洲成员国（截至 2019 年）。

联合国外层空间事务办公室，"和平利用外层空间委员会空间：成员制演化"，2020，

https：//www. unoosa. org/oosa/en/ourwork/copuos/members/ evolution. html

"新兴空间国家在制定自己的空间标准方面越不积极，这些国家就越有可能被排挤"[58]。因此，至关重要的是，在制定规章和标准方面，更多的非洲国家应在谈判桌上占有一席之地，最关键的是在如 UNCOPUOS 的最高级别机构中占据席位，以及积极参与那些已经在议席上占有席位的国家的活动。在这方面，"仅仅投资于技术是不够的，人们还必须有能力理解和制定有关技术的监管议程"[59]，还必须做出更大努力，培养和发展非洲航天领域的法律和决策技能。一项强有力的建议是在非洲设立一个与欧洲空间政策研究所相当的机构[60]。这一点尤其重要，因为"整个非洲大陆的大学学术课程中几乎没有设置空间法[61]。因此，除了少数几所大学将空间研究作为研究生课程的一个单元外，还缺乏在起草关键文件以及分析与空间有关的政策方面的专门知识。如果非洲要在 OOS 领域占有一席之地（特别是考虑到必须解决的相关法律问题和关切），要保护自己的利益，"非洲必须超越仅仅对寻求变革的提议持怀疑态度，而是积极主动地贡献关于变革应该什么样的想法"[62]。不幸的是，在某些方面，这仍然是事实，正如爱德华·穆库卡·恩科洛索在 1964 年谈到赞比亚时所说，"大多数西方人甚至不知道我们在非洲的什么地方"[63]，这一点现在也同样适用于很多非洲国家以及与空间监管和政策有关的领域。

5.4　非洲在轨服务需求、机遇与阻碍

与任何商业领域一样，OOS 由两个密切相关的维度构成——需求与供给。因此，本节将首先考虑 OOS 空间活动范式的需求方面是否有非洲的一席之地（图 5-5）。在图 5-3 所示的 40 颗非洲卫星中，有 5 颗卫星出现严重故障或遭受其他损害。安哥拉第一颗卫星 AngoSat-1（由俄罗斯 RKK Energia 制造）是一颗耗资约 3.3 亿美元建造的通信卫星，它遇到了通信问题，在发射后仅四个月就宣布失去联系[64]。虽然制造商正在为安哥拉免费建造一颗新的、功能更强大的替代卫星，但该国第一个国家通信航天器的损失，对"改造国家电信基础设施和将地方电视频道从模拟格式转换为数字格式的重大努力……［以及］改善和扩大所有 117 个城市的通信以及将国家与世界其他地区联系起来的重大努力"是一个打击[65]。尼日利亚的第一颗通信卫星 NigComSat-1（由中国长城工业总公司承包）在发射后不到两年因其两个太阳能电池板的故障而失联[66]。这颗卫星的成本约为 3 亿美元，后由保险公司赔付，于 2011 年建造并发射了一颗替换卫星[67]。NigComSat-1 的损失对尼日利亚为减少租用外国卫星而做出的努力来说是一个重大打击，这在当时使尼日利亚每年损失 10 亿美元。替代卫星投入使用之前的四年时间造成了非常实际的经济损失。RascomStar-QAF 1 号是 Rascom 公司的第一颗通信卫星，由阿尔卡特阿莱尼亚太空公司建造，因氦气泄漏而出现推进故障，有效寿命缩短至两年[68]。利比亚为该卫星花费了 3 亿美元[69]。3 年后，又发射了一颗替换卫星。埃及卫星 1 号（由乌克兰制造的地球观测卫星）发射 3 年后停止通信[70]；埃及卫星 2 号（由俄罗斯制造的地球观测卫星，计划寿命 11 年）于 2014 年 4 月发射，2015 年 1 月完全控制权移交给埃及国家遥感和空间科学局（NARSS），2015 年 6 月与地面失去联系[71]。"故障不能归咎于俄方，因为埃及卫星 2 号在被埃及专家完全控制后开始出现技术问题"，因此，埃及"正在考虑购买俄罗斯地球卫星影像"[72]。在所有这些案例中，非洲没有获得重要的服务，如果 OOS 是可用的，它可以节省所有当事者的时间和金钱。也不难理解为什么航天领域的保险费用会如此之高。虽然所有卫星最终都会因恶劣的空间环境而失效，但这些都是非洲短期 OOS 需求的最直接的例子。

在非洲 OOS 的"范式"中，该领域被细分为供应商和消费者/用户维度。这两方面都同样受到监管和政策的影响，例如前面讨论的责任问题，因此，OOS 的潜在用户也非常关心直接参与国际空间法和相关政策的讨论，并促进其进一步发展。在供应商一方来看，这项技术可以成功地提供在轨服务，如第 5.2 节所述。提供 OOS 的主要障碍（除了前面提到的法律问题外）是经济可行性——"真正缺乏的是商业运营商的商业计划书，以证明向前发展的合理性……已具备的是能够做到这一点的技术"[73]。从需求方来说，一个主要问题是所设计的卫星与 OOS 兼容：

对卫星进行维修不仅意味着在其设计中包括一个"对接装置"和一个允许燃料转移的接口，而且在服务提供商的交会和捕获期间，必须使卫星处于合作状态……此外，服务的

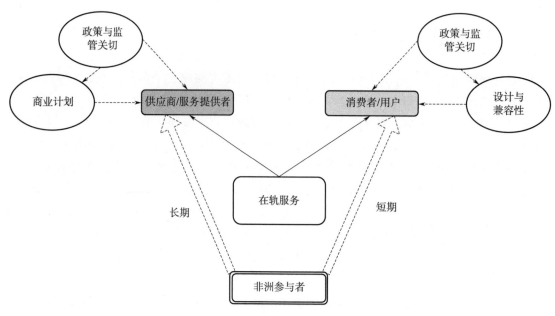

图 5 - 5　非洲的在轨服务范式

航天器也可能需要在特定位置使用特定的标记或模式，或者需要新的姿态和指向能力，以便能够进行交会和捕获。因此，有必要为未来的通信卫星制定指导方针，这些指导方针描述了实现服务和加油所需的所有变化[74]。

与航天有关的能力在整个非洲分布不均（南非、阿尔及利亚、埃及和尼日利亚可以说是最先进的），非洲航天领域作为一个整体仍处于相对新生的阶段。因此，短期内，非洲参与 OOS 空间活动的主要方式可能是在需求方面。然而，这并不意味着该大陆的空间行为者可以忽视参与制定与该领域有关的准则、政策和法律的必要性。此外，还迫切需要将兼容设计纳入未来的卫星，以便在需要时考虑 OOS。但是，这必须提前完成，因为一旦卫星进入轨道再修改就太晚了。这意味着迫切需要将 OOS 放在全非洲航天相关论坛（包括非洲联盟）议程的首位。由于"卫星制造成本极高，发射成本可能是天文数字……［而且］将航天器发射到太空的风险很大"，因此必须认真对待 OOS 并保护非洲大陆的投资符合所有非洲航天领域参与者的利益。卫星正在服务于非洲大陆多个部门的关键需求[75]，它的故障或其他损害会造成严重和直接的经济、社会和环境后果。

从长期来看，特别是如果非洲航天局（AfSA）如预期的那样取得成功，那么非洲空间行为者也有以供应商身份进入 OOS "范式"的可能。非洲航天局成立于 2018 年，根据其章程，AfSA 应 "了解空间科学、技术、创新和应用在应对非洲社会经济机遇和挑战方面的潜在益处"，同时 "发展一个可持续和充满活力的本土空间市场和产业，促进和满足非洲大陆的需求"，以及 "加强非洲大陆的空间任务，以确保获得最佳的天基数据、信息、服务和产品"[76]。埃及于 2019 年被选为该机构的东道主，并正在新开罗建设总部[77]。鉴于上述高价值卫星故障，OOS 肯定能满足 "非洲大陆的需求"，同时也支持继续获取天基服务和数据。虽然 AfSA 法规中未提及 OOS，但强烈建议该机构考虑将来成为 OOS 供应商。考虑到未来几年空间经济的预期增长，构建非洲在这一方面的能力将有助于发展"充满活力的本土空间市场和产业"的目标。然而，尽管有着重大的机遇，还是存在着严重的挑战。表 5 - 1 通过优势、劣势、机会和威胁（SWOT）分析，简要介绍了非洲在需求和供应两个维度参与 OOS 活动的初步考虑。建议在今后的研究中继续进行这方面的分析。

表 5 - 1　非洲 OOS SWOT 分析

非洲作为 OOS 消费者/用户		非洲作为 OOS 供应商	
优势： 非洲航天领域发展迅速，非洲大陆越来越多的参与者正在建造和发射卫星。因此，非洲非常适合成为 OOS 的消费者	劣势： 在监管参与和决策方面存在重大差距。责任、空间碎片和恶意干扰非洲卫星等问题都是必须通过适当论坛解决的问题	优势： 通过非洲航天局、非洲空间政策和战略及其他机构，非洲正在逐步培育一个强大的航天行业。由于非洲航天局将代表并吸收整个非洲大陆的人才，它可能会有巨大的能力	劣势： 缺乏资金，技能短缺，对空间活动仍然持怀疑态度和冷漠态度，整个非洲航天领域的发展和参与不均衡
机会： 一些潜在的供应商正在寻求提供 OOS（如诺斯罗普·格鲁门公司），因此，如果采取主动措施设计卫星与 OOS 兼容，故障/保险成本可以降低，可以避免/延迟依赖外国空间行为体获取数据	威胁： 如果不采取主动措施确保卫星与 OOS 兼容，对非洲大陆是毫无用处的。技能和人力的短缺是对整个非洲航天领域的潜在威胁	机会： 尽管全球一些商业、军事和政府部门正在采取步骤参与 OOS，但该行业仍是一个新领域，在提供 OOS 方面有新进入者的空间。空间经济也可能成为一个重要的商业领域	威胁： 非洲在监管事务中缺乏代表和参与。这可能会为其他方为 OOS 制定规则打开方便之门，而这些规则是非洲参与者以后必须遵循的。没有对 OOS 以及获得非洲在这一新兴领域的地位所需的技能发展给予足够的关注

5.5　过去的教训：Nkoloso 魔影与非洲在轨服务未来

为了回答非洲在创新的新兴 OOS 领域是否有发展空间这一问题，本章首先分析了爱德华·穆库卡·恩科洛索的案例以及他建立赞比亚航天局的梦想。正如 20 世纪 60 年代初期到中期的整个航天领域，OOS 领域目前正处于新生阶段，有着改造卫星产业的潜力，今天的非洲正越来越多地参与到这一产业。对 OOS 历史演变的分析表明，这一概念本身并不新鲜，它以前是拥有最先进空间能力的发达国家政府空间行为者的专属领域。随着商业航天公司发射 MEV - 1，不仅是机器人维修飞行器的使用进入了一个新的进化阶段，该领域也正在开放，以包括更多不同的参与者（这是以新空间和空间 4.0 的形式对整个航天领域进行总体进化的一部分）。正是在这种情况下，非洲现在正成为一个更加活跃的空间参与者，非洲大陆将在未来几年发射更多的卫星。随着技术的小型化和标准化，空间变得越来越民主和容易进入，商用现成组件提供了前所未有的更多功能。那么，展望未来，为何有必要回顾恩科洛索的例子呢？

首先，恩科洛索证明，非洲人可以追求雄心勃勃的太空梦想，考虑到当时赞比亚的背景，令人惊讶的是，有人能够从大处着眼，敢于在太空竞赛中挑战超级大国。非洲现在比以往任何时候都更需要这种大胆的精神。在航天领域，没有采取失败主义态度的余地。正如许多学者提出的论点所表明的那样，如果非洲人不在谈判桌上占一席之地，他们将被排挤，规则将由其他人制定。令人担忧的是，空间行为者没有承担起加入重要空间条约的责任，没有参加最高级别关于航天领域未来的讨论，也没有在会议期间露面。第二，恩科洛索和他的太空学员因其显然很业余的太空活动而被广泛嘲笑，但鉴于他们完全缺乏正式的支持，很难想象有除此以外的任何其他结果。恩科洛索后来获得了法律学位，这一事实表明，他有明显的潜力，而且他不是赞比亚的"乡村白痴"。这个例子对所有非洲国家来说是痛苦的教训。即使在今天，也有一些例外，"数据显示除了南非以外的撒哈拉以南的非洲国家，肯尼亚和塞内加尔的研究支出仅占其国内生产总值（GDP）的 0.4％，而"人才外流继续损害非洲国家和非洲科学，部分原因是许多科学家的薪酬不高"[78]。2017 年，据观察，"该地区（非洲大陆）的研发支出总额低于 GDP 的 1％"[79]。在其他地方[80]，人们对非洲的航天领域仍然持怀疑态度，空间活动被视为与其他更紧迫的优先事项相竞争。然而，人们往往很少认识到，恰恰是空间技术支持和促进了非洲在其他优先领域的发展，因为空间在我们日常生活中越来越多的领域发挥着关键作用。尽管（一些）非洲国家航天机构和政策的确立以及非洲大陆空间机构和政策/战略的制定都是令人鼓舞的迹象，这表明非洲大陆正在更加认真地对待空间，但仍然存在着太多倡议和活动"从未被认真对待"的风险，收到很少或"没有官方支持"，而且有"自然死亡"的危险——这与恩科洛索和他的航天学院的经历很相似。在关键 STEM（科学、技术、工程和数学）学科上表现不佳和投资不足是另一个主要障碍[81]。然而，STEM 学科并不是唯一的关键，自然科学家和社会科学家应该参与跨学科对话，这一点至关重要："社会科学家认识到，科学的人文因素永远不能完全缺失，因此他们试图在寻求答案的过程中纳入人的、主观的观点。了解彼此的方法有助于我们正确看待自己的方法"[82]。

　　既然 OOS 提出要改造整个航天产业，我们就不会像恩科洛索和他的航天学院那样，询问未来几十年"可能发生的事情"，这符合所有非洲人的利益。非洲大陆严重关切的法律问题正在辩论中，所有民族的非洲人都必须更多地参与其中。空间碎片减缓、外层空间活动的可持续性、责任和所有权等问题直接影响到非洲大陆发展"可持续和充满活力的本土航天市场和产业"的雄心壮志。欧洲大陆的空间行为者参与 OOS 的一个关键步骤是成为好的消费者，并牢记 OOS 设计与未来卫星的兼容性。只要在技能和能力发展方面有适当的支持和投资，非洲航天局尤其有可能成为 OOS 的供应者。因此，要回答本章提出的问题，是的，OOS 为非洲提供了发展空间，但首先我们需要雄心壮志；其次，我们需要持续的支持。因此，铭记恩科洛索和他的请求（1974 年发布）比以往任何时候都更加及时：

　　此外，在今后十年里，我们呼吁政府在物质和道义上给予我们一切援助，以便赞比亚能够像世界上其他国家一样实现这一目标。也就是说，让我们最终意识到并窥视宇宙最外层全能的上帝最奇妙最光荣的工作[83]。

作　者　简　介

　　安德烈·西布里茨（André Siebrits）是一名南非研究人员，重点研究航天领域（特别是发展中国家）以及教育和教育技术的使用、国际关系（特别是南半球）。他目前在欧洲空间政策研究所（维也纳）工作，拥有作为电子学习（e-learning）研究者和非洲政治风险分析师的经验。他毕业于斯泰伦博世大学（University of Stellenbosch），获国际研究文学硕士学位，在那里他的研究围绕着国际关系理论展开。目前，他是开普敦大学政治研究系的在读博士研究生，他的研究重点是从国际关系角度看南半球在航天领域的角色，特别是在航天治理方面的角色。André 是电子学习领域（e-learning）出版物的作者，曾撰写关于可持续航天教育生态系统和教育技术在非洲的作用以及非洲社会的协同航天的文章（非洲国家，特别是阿尔及利亚、摩洛哥、南非突尼斯和津巴布韦的空间法律和政策执行情况），以及关于非洲的太空舞台的文章。André 还在开普敦大学空间实验室（为其空间与社会课程）举办了关于非洲航天领域和教育技术在非洲航天教育中作用的讲座。

参 考 文 献

[1] Edward Makuka Nkoloso, "We're going to Mars! With A Spacegirl, Two Cats and a Missionary", Lusaka Times, 28 January 2011, https: //www. lusakatimes. com/2011/01/28/space – program/ (all websites cited in this chapter were last accessed and verified on 31 March 2020).

[2] Lusaka Times, "Zambia's forgotten Space Program", 28 January 2011, https: // www. lusakatimes. com/2011/01/28/space – program/.

[3] Namwali Serpell, "The Zambian 'Afronaut' Who Wanted to Join the Space Race", The New Yorker, 11 March 2017, https: //www. newyorker. com/culture/culture – desk/the – zambian – afronaut – who – wanted – to – join – the – space – race.

[4] Ibid.

[5] Lusaka Times, "Zambia's forgotten Space Program".

[6] Serpell, "The Zambian 'Afronaut' Who Wanted to Join the Space Race".

[7] Lusaka Times, "Zambia's forgotten Space Program".

[8] Serpell, "The Zambian 'Afronaut' Who Wanted to Join the Space Race".

[9] Alexis C. Madrigal, "Old, Weird Tech: The Zambian Space Cult of the 1960s", The Atlantic, 21 October 2010, https: //www. theatlantic. com/technology/archive/2010/10/old – weird – tech –the – zambian – space – cult – of – the – 1960s/64945/.

[10] China Central Television, "Faces of Africa 09/09/2013 Makuka Nkoloso: the Afronaut", 9 September 2013, https: //web. archive. org/web/20170110112730/, http: //english. cntv. cn/ program/facesofafrica/20130909/100179. shtml.

[11] Lusaka Times, "Zambia's forgotten Space Program".

[12] Madrigal, "Old, Weird Tech: The Zambian Space Cult of the 1960s".

[13] Ibid.

[14] Lusaka Times, "Zambia's forgotten Space Program".

[15] Namwali Serpell, "The Afronaut Archives: Reports from a Future Zambia", Public Books, 28 March 2019, https: //www. publicbooks. org/the – afronaut – archives – reports – from – a – future – zambia/.

[16] China Central Television, "Faces of Africa 09/09/2013 Makuka Nkoloso: the Afronaut".

[17] Serpell, "The Zambian 'Afronaut' Who Wanted to Join the Space Race".

[18] Ibid.

[19] Lusaka Times, "Zambia's forgotten Space Program".

[20] Kevin Aongola quoted in China Central Television, "Faces of Africa 09/09/2013 Makuka Nkoloso: the Afronaut".

[21] Mahashreveta Choudhary, "On – orbit satellite servicing: Process, Benefits and Challenges", Geospatial World, 27 July, 2018, https: //www. geospatialworld. net/article/on – orbit – satellite –

servicing – process – benefits – and – challenges – 2/.

［22］ European Space Agency, "Space debris by the numbers", February 2020, https：//www. esa. int/ Safety _ Security/Space _ Debris/Space _ debris _ by _ the _ numbers.

［23］ National Aeronautics and Space Administration (NASA), "Space Debris", 1 July 2019, https：// www. nasa. gov/centers/hq/library/find/bibliographies/space _ debris.

［24］ National Aeronautics and Space Administration (NASA), "Skylab 2：First Repair Spacewalk", 6 June 2018, https：//www. nasa. gov/feature/skylab – 2 – first – repair – spacewalk.

［25］ Nickolai Belakovski, "The little – known Soviet mission to rescue a dead space station", Ars Technica, 16 September 2014, https：//arstechnica. com/science/2014/09/the – little – known – soviet – mission – to – rescue – a – dead – space – station/.

［26］ Tracy McMahan and Valerie Neal, "Repairing Solar Max：The Solar Maximum Repair Mission", National Aeronautics and Space Administration (NASA), August 1984, https：//ntrs. nasa. gov/ archive/nasa/casi. ntrs. nasa. gov/19840020814. pdf.

［27］ Randy Alfred, "April 11, 1984：Shuttle Makes House Call, Repairs Satellite", Wired, 11 April 2011, https：//www. wired. com/2011/04/0411space – shuttle – astronauts – repair – solar – max – satellite/.

［28］ National Aeronautics and Space Administration (NASA), "About—Hubble Servicing Missions", 7 February 2020, https：//www. nasa. gov/mission _ pages/hubble/servicing/index. html.

［29］ Sattel Technologies, "The Historic Journey of Palapa B2", no date, https：//www. sattel. com/life _ of _ palapa _ b2. htm.

［30］ John Noble Wilford, "Nasa Plans to Use Shuttle to Retrieve a Satellite", The New York Times, 17 August 1984, https：//www. nytimes. com/1984/08/17/us/nasa – plans – to – use – shuttle – to – retrieve – a – satellite. html.

［31］ Sattel Technologies, "The Historic Journey of Palapa B2".

［32］ Richard Parker, "On – orbit satellite servicing, insurance and lessons of Palapa B2 and Westar 6", Room, 2015, https：//room. eu. com/article/Onorbit _ satellite _ servicing _ insurance _ and _ lessons _ of _ Palapa _ B2 _ and _ Westar _ 6.

［33］ Wilford, "Nasa Plans to Use Shuttle to Retrieve a Satellite".

［34］ Darrell Etherington, "The first spacecraft that can service satellites to extend their life launched today", Tech Crunch, 9 October 2019, https：//techcrunch. com/2019/10/09/the – first – spacecraft – that – can – service – satellites – to – extend – their – life – launched – today/.

［35］ Elizabeth Howell, "Two private satellites just docked in space in historic first for orbital servicing", Space. com, February 2020, https：//www. space. com/private – satellites – docking – success – northrop – grumman – mev – 1. html.

［36］ Ibid.

［37］ Etherington, "The first spacecraft that can service satellites to extend their life launched today".

［38］ Ibid.

［39］ Martin J. Losekamm, Jacob Hacker, Nikita Sardesai, Anja Nakarada Pecujlic, and Adam Vigneron, "Legal and Political Implications of Future On – Orbit Servicing Missions", 66th International Astronautical Congress, Jerusalem, Israel, 2015, 3, https：//www. researchgate. net/publication/

282979175 _ Legal _ and _ Political _ Implications _ of _ Future _ On - Orbit _ Servicing _ Missions.

[40] Ibid. , 5.

[41] United Nations Office for Outer Space Affairs，"International Space Law：United Nations Instruments"，2017，6，https：//www. unoosa. org/res/oosadoc/data/documents/2017/stspace/ stspace61rev _ 2 _ 0 _ html/V1605998 - ENGLISH. pdf.

[42] Losekamm，Hacker，Sardesai，Nakarada Pecujlic，and Vigneron，"Legal and Political Implications of Future On - Orbit Servicing Missions"，5.

[43] United Nations Office for Outer Space Affairs，"International Space Law：United Nations Instruments"，15.

[44] Ibid.

[45] Ibid.

[46] Losekamm，Hacker，Sardesai，Nakarada Pecujlic，and Vigneron，"Legal and Political Implications of Future On - Orbit Servicing Missions"，5.

[47] For a full discussion，see：Annette Froehlich and André Siebrits，Space Supporting Africa Volume 1：A Primary Needs Approach and Africa's Emerging Space Middle Powers (Cham，Switzerland：Springer，2019).

[48] Brand South Africa，"Africa's New Dawn satellite in orbit"，4 May 2011，https：//www. brandsouthafrica. com/investments - immigration/science - technology/intelsat - newdawn.

[49] Jeffrey Hill，"African New Dawn Investors Sell Joint Venture Share Back to Intelsat"，Via Satellite，9 November 2012，https：//www. satellitetoday. com/telecom/2012/11/09/african - new - dawn - investors - sell - joint - venture - share - back - to - intelsat/.

[50] Louis de Gouyon Matignon，"GhanaSat - 1, the first Ghanaian satellite"，Space Legal Issues，26 March 2019，https：//www. spacelegalissues. com/space - law - ghanasat - 1 - the - first - ghanaian - satellite/.

[51] Annette Froehlich and André Siebrits，Space Supporting Africa Volume 1：A Primary Needs Approach and Africa's Emerging Space Middle Powers (Cham，Switzerland：Springer，2019).

[52] United Nations Committee on the Peaceful Uses of Outer Space，"Status of International Agreements relating to activities in outer space as at 1 January 2019"，1 April 2019，https：//www. unoosa. org/ documents/pdf/spacelaw/treatystatus/AC105 _ C2 _ 2019 _ CRP03E. pdf.

[53] United Nations General Assembly，"Draft report：X. Long - term sustainability of outer space activities"，Committee on the Peaceful Uses of Outer Space Scientific and Technical Subcommittee，Fifty - seventh session，12 February 2020，3，https：//www. unoosa. org/res/oosadoc/data/ documents/2020/aac _ 105c _ 11/aac _ 105c _ 11 _ 385add _ 5 _ 0 _ html/AC105 _ C1 _ L285Add05E. pdf.

[54] United Nations General Assembly，"Draft report：I. Introduction"，Committee on the Peaceful Uses of Outer Space Scientific and Technical Subcommittee，Fifty - seventh session，7 February 2020，6，https：//www. unoosa. org/res/oosadoc/data/documents/2020/aac _ 105c _ 11/aac _ 105c _ 11 _ 385add _ 1 _ 0 _ html/AC105 _ C1 _ L285Add01E. pdf.

[55] United Nations General Assembly，"List of Participants"，Committee on the Peaceful Uses of Outer Space Scientific and Technical Subcommittee，Fifty - seventh session，13 February 2020，https：//

www. unoosa. org/res/oosadoc/data/documents/2020/aac _ 105c _ 1inf/aac _ 105c _ 12020inf49 _ 0 _ html/AC105 _ C1 _ INF _ 2020 _ 049EFS. pdf.

［56］ United Nations General Assembly，"List of Participants"，Committee on the Peaceful Uses of Outer Space Legal Subcommittee，Fifty - eighth session，11 April 2019，https：//www. unoosa. org/res/ oosadoc/data/documents/2019/aac _ 105c _ 2inf/aac _ 105c _ 22019inf51 _ 0 _ html/AC105 _ C2 _ 2019 _ INF51EFS. pdf.

［57］ Joel A. Dennerley，"Emerging Space Nations and the Development of International Regulatory Regimes"，Space Policy 35，(2016)：28.

［58］ Ibid. ，28 - 29.

［59］ Ibid. ，30.

［60］ Etim Offiong and Valanathan Munsami，"Towards a space policy institute for Africa，" Space Policy 46，(2018).

［61］ Joseph Ibeh，"Towards Developing Africa's Think Tank In Space Law and Policy"，Space in Africa， 18 July 2019，https：//africanews. space/towards - developing - africas - think - tank - in - space - law - and - policy/.

［62］ Timiebi Aganaba - Jeanty，"Why Africa must move beyond scepticism to influence international law"，Business Day，26 August 2014，https：//businessday. ng/analysis/article/why - africa - must -move - beyond - scepticism - to - influence - international - law/.

［63］ Serpell，"The Afronaut Archives：Reports from a Future Zambia".

［64］ Al Jazeera News，"Angola's first satellite defunct four months after launch"，24 April 2018， https：//www. aljazeera. com/news/2018/04/angola - satellite - defunct - months - launch - 180424072213475. html.

［65］ Anatoly Zak，"The Angosat - 1 communications satellite"，Russian Space Web，17 February 2020， https：//www. russianspaceweb. com/angosat. html.

［66］ Gunter Dirk Krebs，"NigComSat 1，1R"，Gunter's Space Page，21 July 2019，https：// space. skyrocket. de/doc _ sdat/nigcomsat - 1. htm.

［67］ Peter B. de Selding，"Nigcomsat - 1R Launched Successfully by Long March"，Space News，21 December 2011，https：//spacenews. com/nigcomsat - 1r - launched - successfully - long - march/.

［68］ Gunter Dirk Krebs，"Rascom - QAF 1，1R"，Gunter's Space Page，11 December 2017，https：// space. skyrocket. de/doc _ sdat/rascom - 1. htm.

［69］ Tortilla Con Sal，Satellites，"False Beliefs and Sovereign Integration"，La nueva Televisión del Sur，3 September 2015，https：//www. telesurenglish. net/bloggers/Satellites - False - Beliefs - and - Sovereign - Integration - 20150903 - 0001. html? fb _ comment _ id＝1010410769001640 _ 1017828864926497.

［70］ European Space Agency，"EgyptSat - 1"，eoPortal Directory，2020，https：//directory. eoportal. org/web/eoportal/satellite - missions/e/egyptsat - 1.

［71］ European Space Agency，"EgyptSat - 2"，eoPortal Directory，2020，https：//directory. eoportal. org/web/eoportal/satellite - missions/e/egyptsat - 2.

［72］ Ibid.

［73］ Swapna Krishna，"The Time For On - Orbit Satellite Servicing is Here"，Via Satellite，August 2018，https：//interactive. satellitetoday. com/via/august - 2018/the - time - for - on - orbit -

satellite – servicing – is – here/.

[74] European Space Agency, "On – Orbit Servicing Prepared Platforms", 23 September 2019, https：// blogs. esa. int/cleanspace/2019/09/23/on – orbit – servicing – prepared – platforms/.

[75] For in – depth discussions of the role and importance of satellites for Africa, see：Annette Froehlich (ed.), Embedding Space in African Society：The United Nations Sustainable Development Goals 2030 Supported by Space Applications (Cham, Switzerland：Springer, 2019)；Annette Froehlich (ed.), Integrated Space for African Society：Legal and Policy Implementation of Space in African Countries (Cham, Switzerland：Springer, 2019)；Annette Froehlich (ed.), Space Fostering African Societies：Developing the African Continent through Space, Part 1 (Cham, Switzerland：Springer, 2019).

[76] African Union, "Statute of the African Space Agency", 29 January 2018, 3, https：//au. int/sites/ default/files/treaties/36198 – treaty – statute _ african _ space _ agency _ e. pdf.

[77] Egypt Today, "Egypt allocates $10 mn to establish African Space Agency", 23 February 2019, https：//www. egypttoday. com/Article/1/65133/Egypt – allocates – 10 – mn – to – establish – African – Space – Agency.

[78] Esther Ngumbi, "African governments must invest in science for future growth", Mail & Guardian, 23 November 2019, https：//mg. co. za/article/2019 – 11 – 23 – 00 – african – governments – must – invest – in – science – for – future – growth/.

[79] Samuel Oyewole, "Space Research and Development in Africa", Astropolitics 15, no. 2 (2017)：196.

[80] See：André Siebrits, "Reflective Practice in the African Space Sector：The Importance of Cadre Formation", in Space Fostering African Societies：Developing the Continent through Space, Part 2 (Cham, Switzerland：Springer) forthcoming.

[81] For a more in – depth discussion, see in particular the section on education in：Annette Froehlich and André Siebrits, Space Supporting Africa Volume 1：A Primary Needs Approach and Africa's Emerging Space Middle Powers (Cham, Switzerland：Springer, 2019)；For a review of the tertiary education sector, see：André Siebrits and Valentino van de Heyde, "Towards the Sustainable Development Goals in Africa：The African Space – Education Ecosystem for Sustainability and the Role of Educational Technologies", in Embedding Space in African Society：The United Nations Sustainable Development Goals 2030 Supported by Space Applications, ed. Annette Froehlich (Cham, Switzerland：Springer, 2019).

[82] Samyukta Manikumar, "Why Natural Scientists Should Talk To Social Scientists：The Case For Interdisciplinary Dialogue In Astronomy", Space in Africa, 19 February 2020, https：// africanews. space/why – natural – scientists – should – talk – to – social – scientists – the – case – for – interdisciplinary – dialogue – in – astronomy/.

[83] Serpell, "The Afronaut Archives：Reports from a Future Zambia".

第6章 可持续性发展外空竞赛：在轨服务商业与法律挑战

摘　要　在地球轨道上运行的一些卫星可被视为重要的基础设施，其中部分卫星还会影响到国家安全。随着国家和社会对卫星的依赖越来越多，保护卫星不受故意行为或空间碎片的影响成为必要性问题。有关外层空间行为的法律问题层出不穷。本章将重点介绍有关在轨服务（OOS）商业开发的一些法律挑战，并分析通过机器人任务开展的交会和接近操作；分析还将侧重于OOS的双重用途影响；将分析OOS的业务挑战，特别是OOS如何与新老两代卫星相关联。本章还将介绍包括OOS功能在内的多用途任务的欧洲愿景，以此来突出欧洲空间局在空间活动的空间可持续性方面的立场，并分析Space19＋欧洲空间局部长级理事会关于主动碎片移除和在轨服务（ADRIOS）项目的研究结果。同时，也会介绍美国OOS的愿景，特别是技术演示任务（TDM）。最后，将强调UNCOPUOS与OOS相关的《外空活动长期可持续性准则》，并提供OOS商业模式的建议。总的来说，本章将强调充分利用已发射到地球同步轨道的卫星系统的必要性，以及利用报废卫星作为原材料在空间制造卫星的可能性。这项分析的新颖之处在于汇集了广泛的空间法和政策要素，有助于读者了解OOS的利害关系。

6.1　引言

空间活动被称为"繁荣的引擎"和"增长的引擎"[1]。据评估，全球空间经济价值近4000亿美元，其中四分之三由卫星产业产生，包括遥感/地球观测、电信（电视、广播、宽带、固定和移动）、导航、定位和授时[2]。空间技术是国家和国际基础设施的组成部分，造福于整个社会，对实现可持续发展目标至关重要[3]。空间技术包括飞机和船舶导航系统、军事演习、金融交易、互联网和电信系统[4]。特别是通过卫星提供的数据和服务可以支持经济、移民、应急响应、气候变化和自然资源管理等各个部门[5]。

国际电信联盟（ITU）表示，为了进一步扩大卫星技术的优势，2019年是全球半数以上人口在线参与全球数字经济的第一年[6]。卫星系统为扩大宽带覆盖提供了优势，卫星产业已经证明了其作为商业、政府和紧急救援通信即时基础设施供应商的宝贵贡献[7]。卫星业务正在发生变化，新空间（NewSpace）行业正在产生颠覆性影响，而市场正朝着更灵活也更便宜的方向发展。使用地球静止轨道（GEO）卫星通信的需求可能会放缓，这意味着GEO卫星通信作为商业空间中最赚钱业务的地位可能会被重新审视，但它仍可能发挥重要作用[8]。

对外空活动依赖性的增加、空间活动的稳定和持续发展，使得卫星系统即使是在经济

危机的情况下，也被视为战略资产[9]。空间数据产生的信息量使卫星系统对人类的利益至
关重要[10]。依靠卫星技术是指卫星运营商及其客户关心保护和发展其在需要时不受干扰
地操作卫星的能力，以及维修和升级卫星的可能性。对卫星的非法控制可能损害其他空间
系统，这种挑战也助长了日益增长的保护这些卫星的趋势。在太空中运行的卫星数量的增
加和新的空间技术的发展可以被视为一种威胁，更多的卫星进入轨道意味着更大的网络安
全风险。因此，最近提出了建立太空部队和将太空"作为一个作战领域"的倡议[11]。保
护卫星是所有航天国家都关心的问题，但美国和北美建立太空部队作为军队的一个独立分
支的倡议则是"以身作则"的[12]。

　　卫星可能被干扰、被黑客入侵或者被武器化。"空间威胁评估"报告是由美国战略与
国际研究中心（CSIS）最近发布的[13]。该报告是在空间变得更多样化、更具有颠覆性的
背景下编写的：谁在使用空间以及如何使用空间，由于缺乏公认的规范以及在法律与条约
方面的空白而更加无序，由于反卫星能力的扩散而更加危险[14]。该报告分析了空间反卫
星武器的类型，以及一些国家的空间反卫星能力。同时，安全世界基金会（SWF）发布了
《全球反太空能力：开源评估》报告[15]。该报告包括了关于空间反卫星活动的公开信息，
比较了每个被分析的国家与五种类型的空间反卫星系统的关系：即直接上升、共轨动力学
反卫星系统、电子战争、定向能量和网络。这两份报告都强调了国家安全对卫星活动的依
赖，提高了人们对发展可能干扰外层空间卫星系统运作的能力的认识。

　　在对卫星系统完整性日益关注的背景下，关于在轨服务（OOS）系统未来部署的问题
是事关国家安全和太空活动的军事战略。尤其是，OOS 的双重用途性质提出了有关将武
器转移到外层空间的问题，并且仍然是其商业活动的主要政治障碍之一[16]。

　　美国在对抗轨道碎片方面减少支持，甚至失去领导地位的预期，可能会引发人们对太
空可持续性的重要担忧[17]。人们可能会提出这样的问题：是对空间可持续性的兴趣普遍下
降，还是这种立场通过促进大型卫星星座的部署，只有利于低轨道的新空间活动。该立场
是否只包括主动碎片移除（ADR）活动，还是也包括 OOS 活动？在上述关于美国在对抗
轨道碎片方面的领导地位的情景中，这种情况是否会导致其他国家失去兴趣，或者这是其
他国家发挥领导作用的机会？

　　本研究旨在介绍 OOS 活动的商业和法律方面，同时将 OOS 分析置于国际环境中，并
将从不同的角度对交会和近距离操作（Rendezvous and Proximity Operations，RPO）的
一些方面进行分析。

6.2　空间可持续性

　　根据联合国和平利用外层空间委员会 2019 年通过的《外层空间活动长期可持续性准
则》，将在轨活动确定为影响空间可持续性的因素：

　　空间碎片的扩散、空间操作的日益复杂、大型星座的出现以及与空间物体运行的碰撞
和干扰风险的增加，都可能影响空间活动的长期可持续性[18]。

空间可持续性与外太空行为息息相关。通过负责任地在太空中进行演习，后代人将能够以和平目的进入外层空间。在这方面，外空委员会将外层空间活动的长期可持续性定义为：

以实现和平目的公平获得探索和利用外层空间利益目标的方式，在未来无限期地持续进行空间活动的能力，以满足当代人的需要，同时为后代保护外层空间环境[19]。

OOS 将需要一个管理外层空间行为的系统，即所谓的"道路规则"，以便在接近和对接操作期间提高外层空间操作的安全性。空间可持续性的定义为：

确保全人类能够继续将外层空间用于和平目的，并在现在和长期获得社会经济利益。这需要国际的合作、讨论和协议，以确保外层空间的安全、稳定与和平[20]。

缺乏空间交通管理（STM）和空间碎片移除的监管框架可能会对碰撞的数量产生负面影响[21]。如果只有有限数量的国家通过关于空间碎片的规定，这一制度就会失效，因为遵守减缓空间碎片的要求将造成竞争劣势[22]。根据这一解释，旨在防止、减少和减轻空间碎片产生的措施需要国际共识。空间商业活动需要航天国家的国际合作，加强这些活动的协调以及国家规则和政策的协调。一个国际框架将保证空间领域的所有行动者，包括各国政府和私营实体，为"保护空间环境和空间物体的安全"做出贡献[23]。

空间碎片是空间界最关切的问题。其中一个原因是，空间碎片可能破坏继续进入太空的机会。ADR 和 OOS 被认为是解决空间碎片问题的一种方法。特别是，OOS 旨在开发机器人卫星服务和组装技术[24]。有与会者认为，如果不受《责任公约》规定的任何"基于过错"的法律制度的约束，ADR 业务将更为有效。相反，这种活动在保护外层空间环境和自由进入外层空间方面是可以解决的[25]。即使这样的解释可能会激励 ADR/OOS 运营商，但从监管的角度来看，也是具有挑战性的。这种法律解决办法可能对空间可持续性产生不利影响，因为它可能助长空间碎片的增长。

外层空间可持续性的概念与环境保护的概念相似。因此，为了防止冲突，移除空间碎片可以解决空间可持续性问题。从短期来看，控制空间碎片将有利于关注不间断提供服务的卫星运营商。从长远来看，当代对外层空间的可持续利用将有利于未来的人进入太空[26]。为了实现空间可持续性，建议各国采取旨在促进外层空间活动的透明度和建立信任的倡议，这主要是由于 ADR 和 OOS 业务构成的挑战，这两项业务都以 RPO 为基础[27]。此外，在发生冲突的情况下，和平解决争端的国际规则可以在太空活动中发挥作用，例如《联合国宪章》第三十三条规定了处理国际事务的机制[28]。

在将气候变化与 ADR 和 OOS 进行比较时，需要强调的是这些问题的相似性，因此这多的是一项政治决策，而不是技术决策[29]。因此，"在国际和国家两个层面开展更广泛的对话与合作"对于国际层面的新空间政策至关重要[30]。空间活动的繁荣既可指地面活动，也可指轨道活动。在轨道活动中，如果侧重于可持续发展，空间商业活动则可以和平发展。在这方面，OOS 可以成为可持续空间的必要能力。即使卫星因缺乏燃料而退役，卫星内部的仪器仍有可能继续工作。从长远来看，这种行为被认为是不可持续的，它会导致空间物体在轨道上的积累。然而，作为 OOS 的一部分，为外层空间的卫星加油、修理和更新将成为可能，这是卫星运营商的一个机会，可以通过它来防止轨道碎片的增长[31]。

当代的太空探索具有商业性质，更多的私营行为者参与其中。目前的情况不同于冷战时期美国和苏联之间的太空竞赛。中国、印度、日本和欧洲空间局（ESA）的成员国已经加入美国和俄罗斯的行列，成为主要的航天国家。随着更多的行动者和更多的私营公司开始利用空间活动获益，空间正变得充满争议、拥挤和竞争。因此，需要一项新的国际文书，如《关于空间碎片移除问题的国际条约》。此外，还应考虑建立一个专门的国际组织[32]。在这个监管框架内，OOS 和 ADR 可能会得到重视。

空间可持续性的讨论在国际层面主要是在 UNCOPUOS 内，但也在诸如"交会与服务操作执行联盟"（CONFERS）等私营财团中开展了相关工作。在轨道上运行卫星的空间行为者最关心的是维持清洁轨道，以继续其服务。根据《外空条约》的规定，各国应对本国的空间活动负责，不论这些活动是由政府实体还是非政府实体进行的。为了实现空间可持续性，所有空间行动者都必须参与支持国际措施。航天国家是主要行动者，而发展中国家则拥有做出决定所必需的投票权。因此，有关空间可持续性的问题是，国际社会需要以多快的速度采取行动，允许近地轨道和地球同步轨道的 RPO。

6.3　非政府实体空间活动

私营实体已成为外层空间活动的一个组成部分，一些国家支持进行国家空间立法来处理这类活动[33]。促使各国进行国家空间立法的理由是非政府实体必须遵守国家承担的国际义务。各国通过本国立法确保私营实体开展的活动遵守国际规则[34]。关于国家义务的主要规定见《外空条约》第六条、第七条和第八条。这些原则在《责任公约》和《登记公约》中有进一步的详细规定。各国需要授权并不断监督私营实体在外层空间进行的活动，发射国仍将对非政府实体进行空间活动造成的损害负责，各国也有义务登记空间物体[35]。

根据《外空条约》第六条的规定，国家对外层空间活动承担国际责任，适用于政府机构和非政府实体。此外，根据这些规定，"适当的国家"对其管辖下的非政府实体的所有活动负责。因此，根据国家责任，各国应确保按照国际义务开展这些活动[36]。

空间法的一个特殊性是国家责任。根据 OST 第七条，国家对 OST 另一缔约国遭受的损害负有国际责任。在《责任公约》中进一步阐述了，当损害发生在外层空间时，根据 OST 第七条，过错的概念有多么复杂[37]。对于在轨碰撞情况，OST 第七条和《责任公约》的规定都"行不通"[38]。而且，根据 OST 第八条，各国必须根据国内法和国际法的规定不间断监督此类活动。OST 第八条规定将空间物体的管辖权和控制权授予登记国，并可视为习惯法义务[39]。OST 第八条的规定对移除空间碎片具有法律影响，大多被认为是"ADR 成为现实需要解决的法律障碍"[40]。不管怎样，如果涉及 OOS 商业活动，法律方面显然仍不清晰。迄今为止的讨论表明，对于航天业界的行为，缺乏一套公认的原则和共识。因此，航天业界也没有广泛接受的负责任的空间作业标准[41]。

关于单个 OOS 任务合法性的模型：State A——在轨服务飞行器状态 A 是最常见和被

接受的服务。相较于状态 B，在轨服务飞行器状态 A 仍然具有不确定性。军方提倡中立立场，这已经很缺少约束了。有人担心用于 OOS 的设备可能被用于军事活动，这种担忧需要向国际社会澄清，因为没有必要的预防规则，OOS 的个案将保持规则。如果没有一个国家在 OOS 方面给出明智立法的例子，OOS 活动将重新陷入同样的困境，而在没有明确规则防止空间碰撞的情况下，将有成百上千颗卫星发射到太空中。外层空间商业化的趋势导致需要修改空间条约和相关文书的监管和法律框架。在目前的空间活动监管和法律框架内，要适应和促进新的发展，存在着若干挑战[42]。

6.4　在轨服务

OOS 解决了许多与卫星相关的关键问题，其中包括：（i）老化资产的寿命延长；（ii）零件故障或异常情况；（iii）技术过时[43]。然而，由于 OOS 与空间机动有关，因此存在对反卫星武器（ASAT）的担忧。OOS 通过回收非功能卫星、延长卫星寿命和将空间碎片转化为宝贵资源的能力，使 OOS 在空间可持续性方面发挥重要作用，并成为空间制造的收入来源。合理的说法是，太空活动商业化的解决办法取决于航天国家的军事战略。最终，需要在政治和政府层面回答的问题是，军方是否有兴趣或将通过基于 RPO 的商业解决方案来参与支持空间的可持续性。这一挑战因以下事实而得到加强：

也许一个布满轨道碎片的太空战场甚至可能是美国的一个军事优势，因为它可以在拥挤的环境中更容易地隐藏、机动和作战，尽管这并不是任何官方公开声明的事情[44]。

如果有任何外交解决办法的话，那就取决于事态的转变。答案必须是在军事安全标准和商业卫星运营商清理轨道的需求之间达成妥协，以便增加运力和运营卫星。

为了充分利用已经发射的卫星系统，为卫星提供服务将更具成本效益。OOS 也可以适用于那些不是为在轨服务设计的卫星系统。随着空间技术的进步，可以合理地预测，一旦演示任务成功，卫星服务和碎片移除任务将继续推进，并最终成为一项常规任务。

6.5　交会和近距离操作（RPO）

交会和近距离操作（RPO）是 OOS 和 ADR 技术进步的核心。RPO 是指与其他合作和/或非合作空间资产（包括卫星）近距离运行和交会的能力[45]。政府和商业界正在开发的一些先进空间能力都依赖于 RPO，这意味着这些技术和能力只会随着时间的推移变得更加普遍[46]。

RPO 是苏联（USSR）在同轨反卫星（ASAT）计划的背景下开发的。苏联火箭助推器在 20 世纪 80 年代中期开始使用，作为苏联共轨 ASAT 计划的一部分，被称为“纳亚德”：“纳亚德系统使用了一种基于 UR-100N 洲际弹道导弹（简称 SS-19 Stiletto）的火箭，该火箭装有一个强大的上面级，可以将一个或多个杀伤性飞行器送入高达 40 000 km（24 850 mile）的轨道，允许它们在多目标卫星上独立定位和寄宿”。1991 年后，Naryad

系统被重新调整用途，这是"深化原有 Naryad 项目和当前 RPO 活动之间潜在的联系"的一个原因[47]。

此外，追溯到太空时代的开始，美国军方开发了 SAINT 项目（用于卫星拦截器）。这个项目涉及"一种由电视摄像机和雷达组成的卫星，安装在 Agena B 上面级的机头上。SAINT 被送入轨道后，将机动接近敌方目标卫星，对其进行拍照和分析，并将所有细节报告给美国军方。美国空军也想赋予 SAINT 摧毁或禁用目标卫星的能力，但这样的努力被艾森豪威尔和肯尼迪政府阻止，该计划最终在成为现实之前被取消"。此后，美军资助了"类似于原始的非破坏性 SAINT 计划"的技术示范任务、实验以及概念研究。

美国在不同场合展示了 RPO 国家卫星能力。美国国家航空航天局 Skylab 任务和美国国家航空航天局空间运输系统（STS）——航天飞机的成功任务证明了在外层空间进行维修操作是可能的。最近的例子是 NASA 和 DARPA 的 Restore‐L 和机器人加油任务，展示了 RPO 和 OOS 的能力[48]。此外，Orbital ATK 公司的活动还包括使用任务扩展飞行器（MEV）或任务机器人飞行器为地球同步轨道卫星提供寿命延长服务。

由于技术的发展，OOS 目前被开发成机器人任务。在这种情况下，机器人可以被称为空间物体。这一法律问题与 OST 第七条和第八条的规定有关，尤其是，这些法律规定是否适用于机器人任务，或者是否需要修正以涵盖此类机器人任务[49]。应该明确什么是有害行为，谁将承担责任——软件公司，使用该软件的 OOS 供应商或签订 OOS 或 ADR 服务合同的 OOS 客户。

6.6　已演示的能力

在 LEO 和 GEO 中，一些航天国家已经证明了其 RPO 的能力。美国国家安全部门基于两个因素对 RPO 活动进行了分析：此类活动的军事遗产或用于发展反空间能力的机密情报。RPO 能力引起了主要空间行为者的极大关注，人们提出了一个明智的问题，为什么在他们进行类似的活动并使用军事战略来证明他们的能力的时候会发生这种情况。

6.7　美国愿景

诺斯罗普·格鲁门公司（Northrop Grumman）的任务扩展飞行器（MEV‐1）与国际通信卫星组织（Intelsat‐901）通信卫星完成对接被认为是"一个历史性的交会"。这是两颗商业卫星之间的首次 OOS[50]。它被看作机器人在轨道上执行任务的一个令人兴奋的新时代[51]。

美国国防公司诺斯罗普·格鲁门公司的 MEV‐1 服务飞行器与国际通信卫星组织（Intelsat）卫星成功对接再次证明，谁拥有 OOS 能力，谁就能为卫星提供寿命延长服务。这次 OOS 是一次重大事件，因为这是历史上的第一次与没有预先设计对接机制的卫星进行对接，也是两颗商业卫星首次对接[52]。事实上，这一里程碑可以被视为一项商业服务，而不仅仅是一项示范任务，国际通信卫星组织是 MEV - 1 的第一个客户。国际通信卫星组织（Intelsat）的卫星已经有近 19 年的历史，在 2020 年 2 月 25 日 MEV - 1 与 Intelsat - 901 进行对接时，该卫星已经进入了墓地轨道。MEV - 1 将继续与 Intelsat - 901 相连，并将使用自己的推进器使卫星在轨道上再次正确定向。

即将实施的延长卫星寿命的计划包括美国的项目。美国似乎把重点放在地球同步轨道上，并正在开发"太空制造"（Made in Space）的"阿奇诺一号"（Archinaut One）航天器等项目[53]。美国国家航空航天局资助了 Archinaut One 项目，目的是在轨道上建造两个 10 m 长的太阳能电池板，强调"在太空中，机器人制造和组装无疑是游戏规则的改变者，是未来太空探索的基本能力"[54]。"太空制造"正在寻求实现复杂结构的远程空间建造，以消除火箭作为货运载体带来的航天器体积限制，并通过执行机器人任务来避免太空行走的风险[55]。

美国国家航空航天局的 Restore - L 机器人加油演示是一个机器人航天器，装备了与政府卫星进行交会、抓取、加油和重新定位的技术，以延长其在低地球轨道上的寿命。这项任务的目的是证明服务技术已经准备好，可以集成到其他 NASA 任务中[56]。Maxar Technologies 将参与 Restore - L 的技术开发，Restore - L 还将容纳一个有效载荷，以组装一个通信天线，并使用 Tethers Unlimited 开发的技术制造一个轻型复合波束[57]。

美国国防高级研究计划局（DARPA）的地球同步卫星机器人服务（RSGS）旨在证明，机器人任务可以在运行中的地球同步卫星上执行卫星服务操作，并且在发射时具有足够的机动性和有效载荷，能够在数年内完成多个任务[58]。国防高级研究计划局与诺斯罗普·格鲁门公司的一个子公司签署了合作协议，成为 RSGS 项目的商业合作伙伴[59]。

在 GEO 开展 OOS 演示的一个显著结果是，美国国防高级研究计划局（DARPA）选择了诺斯罗普·格鲁门公司的子公司 SpaceLogistics LLC 作为其地球同步卫星机器人服务（RSGS）计划的商业合作伙伴。根据国防高级研究计划局的说法，"SpaceLogistics LLC 将提供基于其任务拓展飞行器生产线技术的航天器平台，将由此产生的机器人服务空间飞行器与运载火箭集成，并在整个任务期间提供任务操作中心和工作人员支持"[60]。在这个项目中，DARPA 的目标是提供有史以来第一个商业机器人服务空间飞行器，该航天器将使用先进的机器人技术为商业和政府客户卫星执行任务，包括"在轨维修、增强、装配、详细检查和客户卫星的重新定位"[61]。

6.8　欧洲愿景

欧洲致力于寻找减少低地球轨道空间碎片和支持空间可持续性的解决办法。在 Space19＋ESA 的部长级会议期间，ESA 宣布了计划于 2025 年发射的世界上第一个空间碎片移除任务。Space19＋大会为欧洲带来了技术优势，特别是在自动避免碰撞或移除最危险的碎片方面。ClearSpace - 1 将是第一次从轨道上移除碎片的太空任务，计划于 2025 年发射[62]。

欧洲空间局是欧洲进入空间的门户，其宗旨是"为和平目的提供和促进欧洲各国在空间研究和技术方面的合作"[63]。在这方面，欧洲空间局的成员国大力支持未来为空间可持续发展供应商业服务。据欧洲空间局称，他们将通过 ADRIOS 项目开发基本的制导、导航和控制技术以及交会和捕获方法。它的名字来源于主动碎片移除/在轨服务的缩写。这些来自欧洲空间局项目的成果将被应用于 ClearSpace‑1 任务，这将允许欧洲空间局在世界上首次展示这些技术。根据欧洲空间局的说法，"ClearSpace‑1"任务的服务目标是一个上面级"Vespa"——Vespa 的二级有效载荷适配器，在大约 660 km 轨道上。因此，追踪器和目标将在离轨过程中在大气层中烧毁[64]。ClearSpace‑1 是欧洲空间局在 Space19＋上开发的一个概念，与 2012 年欧洲空间局部长理事会的清洁空间倡议不同。ClearSpace‑1 将欧洲空间局的任务范围从一个 ADR 任务扩展到一个多用途的空间服务飞行器，包括碎片移除、加油能力、升级或重新定位[65]。其目标是研制一种多用途在轨服务飞行器（IOSV），该飞行器能够在轨道上执行各种操作，包括主动碎片移除[66]。

瑞士初创公司 ClearSpace 计划在 2025 年开始领导一个欧洲团队，专注于捕获一个 Vespa 有效载荷适配器，并将其拖入地球大气层[67]。欧洲空间局的资金将用作航天器的开发和发射费用，预计总任务费用为 1.17 亿欧元。Luc Piguet 是 ClearSpace 的联合创始人和首席执行官，据新闻报道中说，他透露，第一次任务将摧毁太空碎片和服务空间飞行器，这意味着它们都将脱离轨道，进入大气层燃烧，而未来的服务计划是为多目标进行离轨服务，而服务飞行器不需要自我毁灭[68]。这样的方法将更具成本效益。欧洲空间局发展一个面向空间服务的任务也可以看作财政上的驱动，因为服务能力可以带来投资的回报。主动碎片移除/在轨服务以前被称为 e.Deorbit。相比之下，欧洲空间局清洁空间倡议和 e.Deorbit 碎片移除任务的目标是使欧洲空间局拥有的 Envisat 卫星脱离低地球轨道。有人提醒，在面向服务的基础上向私营公司提供离轨服务的初步做法是被视为具有挑战性和风险的[69]。

6.9　OOS 法律挑战

由于缺乏新兴空间活动的法律框架，军事和地缘政治利益得以填补法律空白[70]。尤其是，移除空间碎片的合法性受到对"空间碎片"一词缺乏法律定义的影响[71]。缺乏规则来规范空间行为和缺乏国际认可的空间卫星定位登记制度被视为 OOS 的最大挑战。OST 规制了外层空间活动的基本原则[72]。OST 和补充 OST 的其他四项条约都不足以为 OOS 的商业活动提供解决方案。OOS 的示范任务是在目前的框架下进行的，但这些只是个别情况，很可能是由卫星运营商和 OOS 服务商之间的双边协议补充的。OST 框架主要是作为"原则条约"和"监管国家活动"建立的。因此，OST 并没有为日常业务活动和商业目的的所有情况提供法律解决方案。

OOS 是一项复杂的太空任务，将由机器来执行，这需要精心的准备和一个由传感器和雷达组成的大型系统为算法提供信息，目前来说还没有到位。如果没有空间态势感知

（SSA）基础设施，大规模 OOS 操作就不可能在商业基础上进行。出于这些原因，需要制定现行空间法框架，以支持可持续的商业活动。在此之前，法律上的解决方案可以通过合同条款来实现。现代空间操作领域涉及科学、商业、情报和军事领域，并强调这些领域受国际和国内法、政府和公司政策、惯例和先例以及合同的制约[73]。

针对 OOS 的法律挑战主要是责任方面的问题。尤其是，在监测空间活动方面存在局限性，没有任何规则可循，因此存在证明过失的挑战。在这种情况下，有关责任的问题有必要通过双边协议解决[74]。与责任问题相关，甚至可以规定卫星运营商和来自同一国家的 OOS 供应商之间的交叉免责，风险可以通过保险得到支持。持续存在的问题必须在双方之间解决。如果 A 国的服务供应商可以为 B 国执行 OOS 任务，在发生事故时，谁将负责：A 国、B 国、卫星运营商或 OOS 供应商？空间法框架应为此类问题提供适当的法律解决办法。此外，OOS 空间法框架应提供一种有效的程序手段，以监管维修作业期间可能在轨道上发生的碰撞。在轨运行将成为一种惯例，寻求法律解决办法来监管碰撞以免除空间冲突的风险可能是合理的。这样的解决方案应该考虑到不要对 OOS 供应商的业务造成风险，因为在大多数情况下，该业务将缺乏覆盖责任的资金。一旦发生碰撞，保险和发射的成本很可能会增加。OOS 示范任务的成功应支持立法者的工作，并应成为国际合作的有力论据。提前计划能够避免在外太空发生碰撞的风险。

OST 第八条规定在不确定的时期内授予管辖权和控制权，从而使一个国家有权对其登记的空间物体行使其主权[75]。根据 OST 第八条的规定，空间物体的登记国在外层空间甚至在天体上"应保持管辖和控制"。对空间碎片实行管辖和控制，未经登记国家同意不可对空间物体采取任何行动[76]。如果第三国单方面进行移除作业，将构成违反《外空条约》的行为[77]。当被称为"双刃剑"时，管辖权和控制权条款在实践中意味着"虽然禁止其他国家移走另一国的已登记空间物体，但登记国——作为适当的国家——应对此类空间物体碎片造成的任何损害负责"[78]。移走另一国已登记的空间物体的合法性，即使是在构成危险的情况下，也没有得到法律解决。如果第八条所赋予的管辖权永久附属于登记国，或仅在实际控制期间适用[79]，有与会者表示，则登记程序的"确切性质"以及由此赋予登记国的权力是促进空间碎片移除工作发展的先决条件[80]。OST 第 8 条规定对 OOS 所提出的问题与对 ADR 所提出的问题类似。这将适用于 OOS 供应商想要使用报废卫星作为备件的情况。

此外，卫星的升级或回收卫星所产生的物体应根据 OST 第八条的规定处理。关于卫星所有权的转让，在没有协议的情况下，新所有人必须考虑到登记国将保留对卫星升级的管辖权和控制权。这种义务在在轨回收的情况下也值得关注，因为新的拥有者和新的物体将存在。如果获得同意，新所有人将需要按照登记公约和发射国描述进行登记。

不愿修改或创建新条约，这表明有机会制定软性法律，如《空间碎片减缓准则》。目前的准则涉及碎片减缓，没有涉及碎片救援[81]。或者，需要一套新的准则来解决空间碎片移除这个问题[82]。有关 OOS 和 ADR 的规则可以替代法律真空，为寻求 ADR/OOS 商业活动利润的私营经营者创造更多的确定性。

作为法律框架的替代方案，OOS 的某些方面可以通过以下方式处理：

不具法律约束力的文书，形式 OOS 操作指南，旨在支持安全操作和提高透明度；

将这些指南落实到 OOS 操作的国家许可证中，使其具有法律约束力；

以合同形式分配与责任、出口管制、保险要求有关的风险[83]。

理想情况下，各国应就处理空间碎片的新国际条约达成一致，包括 OOS 和 ADR 服务。有关适当考虑所有缔约国相应利益的 OST 第九条可以成为一项关于空间可持续性的新条约的良好起点。然而，由于各国目前不愿意颁布新的具有约束力的法律文书，应在不久的将来找到其他解决办法。ADR 和 OOS 的主要趋势都是自愿采用用于离轨、空间机动和网络安全的准则和标准，政府似乎支持这种私营倡议，目标是帮助航天国家建立透明度和信心。主要针对 ADR 服务的解决方案是将碎片移除条款纳入国家许可证要求。这类条款（除其他外）可要求被许可人提供一份保险，以支付在寿命结束时计划的处置程序受阻时移除卫星的费用。

为使 OOS 准则具有法律约束力，国家当局应进一步实施 OOS 准则。在这种情况下，该要求将适用于 OOS 活动的许可证申请。

缺乏规范对航天工业参与者来说既是机遇也是挑战。机会来自商业参与者发展实践的可能性，这将有利于商业模式的可持续发展。这正是执行交会和维修作业联合会（CONFERS）的例子，该联合会"旨在利用政府和行业的最佳实践，研究、开发和发布 OOS 和 RPO 的非约束性、一致同意的技术和作业标准"[84]。此外，太空安全联盟（SSC）汇集了国际空间行为者，如卫星运营商、卫星制造商、投资者、客户、决策者和军方，作为确保空间可持续性的多边对话的一个组成部分[85]。制定标准和规范作为最佳做法，不仅有利于航天行业的参与者，也有利于寻求国际共识的决策者。

缺乏规范和法律漏洞也是空间可持续性的一个重要挑战，因为 RPO 策略可被归类为有害行为。因此，缺乏外层空间行为规范或所谓的"道路规则"或空间交通管理（STM）对商业 OOS 是一个挑战。双重用途的应用使透明度和信任建立措施（TCBM）成为推进在轨服务和主动碎片移除的必要工具。国际合作需要提供足够的保障，以防止军事冲突，并发展行为规范和空间态势感知（SSA）。此外，还需要透明度，使国际空间行为者能够发展其交流渠道，以防止冲突和/或减少碰撞风险。

对于商业行为者来说，这些规范是由商业实践发展起来的，经过测试、改进并最终被纳入法律体系[86]。操作规范是监督 RPO、OOS 和 ADR 能力的必要条件，也是识别异常行为和调查的必要条件。目前，没有国际条约或国家制度来监管 OOS 活动。此类活动并未被禁止，但法律上的挑战阻碍了这项技术的商业开发。许多航天公司已经与卫星运营商签订了服务任务合同，但这些合同不是公开的，也不是标准化的。一个非常复杂的系统使资料需要从国际条约和原则、国内立法、政府和公司政策、习惯和先例以及商业合同中加以证实[87]。OOS 应考虑实现"标准化、安全和可持续性"活动的必要步骤。要实现这一理想局面需面对各种政策问题和挑战。

美国或其他国家的卫星如果搭载了美国的部件或技术，就属于《国际武器贸易条例》

中定义的"出口"。因此，在没有对美国《国际武器贸易条例》作任何修改的情况下，美国空间物体的 ADR 和 OOS，还应由与注册国具有相同国籍的航天公司提供[88]。

法律框架还需要处理 OOS 任务的双重用途技术的影响。联合国可以对这种情况进行仲裁，防止外空安全方面的紧张局势出现，确保运行和登记的透明度。为了确保业务安全和空间资产的安全，最好实施国际空间交通管理和空间态势感知。法律框架应考虑到技术和监管的安全标准。

6.10　空间可持续性发展领导地位

我们在太空活动中有领导者吗？简而言之，是肯定的，并以强有力的证据为依据，这是基于国际社会对空间活动和支持全人类发展的技术爆发投资的有力证据。空间法律和政策对空间活动的治理至关重要，并在许多场合取得了成功。在空间碎片减缓领域是否有一个领导者？我们当然可以讨论在国际和国家层面、私营和公共、政府、工业界和学术界支持减缓空间碎片的各种倡议。到目前为止，这还只是一个初级阶段，航天业界试图找到一个商业模式，以使太空碎片减缓活动有利可图。

美国空间政策指令-3 是如何将商业领导力与空间可持续性的国际义务结合起来的一个例子。美国空间政策指令-3《国家空间交通管理政策》的目标之一是"鼓励和促进美国在科学技术、空间态势感知和空间交通管理方面的商业领导地位"[89]。

该政策旨在"为新的商业太空冒险和活动的出现和发展提供有利的安全和监管条件，例如在轨服务、碎片移除、空间制造、空间旅游、小卫星或巨型星座"[90]。

6.11　双重用途的影响

外层空间被描述为一个军事化的环境。军方总是强调太空冲突风险的一个原因是，开展太空活动的最初考虑是军事。外空军事化与外空武器化是两个不同的概念，外空武器化与外空的双重用途有关。外层武器化指的是反卫星武器，例如部署具有攻击能力的卫星来对付太空中的目标[91]。反卫星武器，特别是同轨道空间物体，对讨论 OOS 的风险尤其具有意义。从事 OOS 的空间物体的意图是留在轨道上，因而可能被认为是危险的。目前对 ASAT 的关注来自主要的航天国家，其他航天国家发展这种能力只是时间问题[92]。

参照《外空条约》第四条，这些规定限制了在地球轨道上放置携带核武器或任何其他大规模毁灭性武器的物体，在天体上安装此类武器或以任何其他方式在外层空间放置此类武器。对这些规定的解释是，不禁止将反卫星武器放置在外层空间和地球轨道上[93]。外空的军事用途被描述为走向空间武器化，这可能是一些国家不愿参与外空活动的原因。

核武器和/或大规模毁灭性武器以外的武器系统不受 OST 第六条第 1 款所述的限制。并不存在禁止任何形式的武器进入地球轨道或放置在天体上的文本。中俄提出的《防止在外空放置武器、对外空物体使用或威胁使用武力条约》（PPWT）就是一个尝试。但这一工具遭到了强烈反对，因此没有生效[94]。解释 OST 第四条第 4 款的规定，使用"军事人员进行科学研究或任何其他和平目的"是指允许军事人员从事移除空间碎片的工作[95]。

要允许这种活动，就必须有更多的国家接受外层空间服务，以支持和平探索和利用外层空间。OST 第十一条关于"不对外层空间进行有害污染"和"不对其他缔约国的外层空间活动进行有害干扰"的规定可视为对外层空间军事活动的限制。"随着国家实践朝着武器化的门槛迈进，空间碎片数量不断增加，OST 第九条应被视为今后管制外空活动的核心"[96]。

RPO 技术是两用的，这意味着它可以造福于民用和军事目的，因此，OOS 和 ADR 的发展可能对军事和空间私营/商业公司都有影响。OOS 是一个很好的例子，讨论既包括商业活动也包括军事活动，并且迫切需要政府、工业和学术界之间的国际合作。OOS 技术的发展和未来的使用是多目的的，有利于空间的可持续性，对此，需要从多方面分析商业和法律问题。

OOS 能力引起了军方的重要关注，尤其是与国家安全相关的问题，因为"提供 OOS 的大多数技术和能力也可能被用于故意伤害卫星，并可被视为进攻性反空间能力"[97]。历史上，RPO 技术是由军方开发的。在此背景下，透明度与建立信任措施（TCBM）在促进 OOS 和 ADR 作为商业活动的发展中发挥了至关重要的作用。没有国际合作，特别是没有军事观察，OOS 空间公司所提供的新服务就无法由商业实体提供，由于政府缺乏参与，至少是作为观察员参与，将大大增加冲突的危险。服务任务有多种目标，但 OOS 总是在接近目标时进行机动，然后与它交会，主要的担忧是 OOS 任务总是会抵近卫星。

其双重用途被笼统地称为："一方的 ADR 系统是另一方的 ASAT"[98]。在太空中拖曳卫星的能力将被视为一种可用于拖曳敌方卫星直至其消亡的危险工具，类似于 ADR 的商业活动可被视为非法天基 ASAT 武器计划的掩护[99]。由于其双重用途的性质，ADR 被认为是国际政策的一个敏感话题："ADR 技术在国际空间政治中是一个微妙的话题，因为任何此类系统都可以用来对抗竞争对手的空间资产。所有空间硬件的双重用途属性，特别是 ADR，意味着，任何技术解决方案都必须符合整个国际空间界的要求，而不是一个国家或机构的要求"[100]。OOS 也可能有同样的问题。国际空间站（ISS）是航天国家在不损害国家安全的情况下利用双重用途技术进行合作的一个例子[101]。国际空间站是空间活动国际合作的最佳范例，主要空间仍然是和平的并支持国际空间站上的合作伙伴。1998 年政府间协议没有泄露敏感信息。

6.12 OOS 操作

从技术和法律的角度对 OOS 和 ADR 进行了分析。OOS 和 ADR 被提议作为减少空间碎片的国际解决方案。

近距操作技术与 OOS 和 ADR 类似，目前有多种目的的任务正在开发中。但问题是 LEO 与 GEO 之间的区别以及部署卫星的费用。在 LEO，巨型星座的趋势提出廉价卫星容易更换。在低轨道上为廉价卫星提供服务没有任何经济意义，最好是发射一颗新卫星来代替旧卫星（见表 6-1）。

表 6-1　低地球轨道和地球静止轨道空间活动的比较列表

LEO	ADR	廉价的卫星，容易更换	5 年寿命	卫星服务无法收回成本，但支持可持续性
GEO	OOS	非常昂贵的卫星，更换起来很贵	15 年寿命	成本可从卫星服务收入中收回，并支持可持续性

根据上述数据，ADR 对 GEO 没有意义，OOS 对 LEO 没有意义。以 ADRIOS 为例，ESA 的 ADR 和 OOS 项目，一个能够同时完成这两项任务的航天器的开发是有意义的。

OOS 的商业案例意味着任务的经济回报。空间民主化表明，空间活动正在扩大到越来越多的国家和非国家行为者[102]。通过向公共机构、研究机构、大学和私营部门提供采购和资助机制，各国政府是空间活动的主要投资者，空间方案投资的回报具有多样性[103]。虽然私营部门的公司专注于发展空间技术，但至少在空间探索方面的投资回报主要来自公共资金。公私伙伴关系的作用是将风险、资金支出和时间从完全由政府来源转移到私营企业，这可能会引发商业空间竞赛或政府风险分担的问题。例如，美国拥有最多的空间活动政府预算，其他国家政府预算的总和还不及其一半[104]。另一个例子是欧洲空间局的部长级理事会 Space19＋，欧洲空间局的部长们承诺提供有史以来最大的预算，总额超过 140 亿欧元[105]。

6.13　空间制造业

空间制造业是一个很有前途的行业。在很多加工中，人们得出结论，微重力比正常重力更可取，这是让商业玩家领先的一个宝贵机会。这样的例子在公共空间很多。微重力培养可提高干细胞移植的治疗效果[106]。微重力细胞生物学不仅是一个重要的商业机会，而且是科学的，因为它可以增加我们对生命过程中重力作用的理解[107]。氟化物玻璃光学纤维是空间商业制造的另一个例子。通常被称为 ZBLAN 的氟化物玻璃光纤如果在太空中制造，将比在地球上更有价值，因为它可以避免固化过程中出现的缺陷[108]。

空间制造的能力对太空探索至关重要，尤其是在行星等太空其他区域建造设施，已经存在于太空中的材料可以用于 3D 打印。

OOS 最明显的好处是通过加油、升级或重新定位来延长卫星系统的寿命。这项服务可以减少发射新卫星的需要，不过，这只是 OOS 技术的一个用途，这种技术有更多的商业机会。全方位的机遇更加广阔，而自动化是在空间中应用机器人制造大型结构的关键。例如，将一个空间碎片转变为可用的资源，只是具有对接和移动卫星的能力还远远不够，还需要能够在轨道上执行服务的能力。即使是在外层空间，回收利用的机会也比比皆是。

有人可能会提出这样一个问题：在太空中提供在轨服务是否存在任何法律约束？不禁止在外层空间为卫星提供服务。具有挑战性的是，在目前的法律框架下，并非所有的卫星都可以在没有特殊授权的情况下进行服务。一些商业公司正在投资开发 OOS 功能，并与政府和私营部门的客户签订了合同。其中最明显的应用是加油任务。GEO 卫星的加油任务是发展 OOS 产业一个立竿见影的、有利可图的选择。具备通信能力的卫星一旦加油，就可以继续执行任务。

地球同步轨道上被服务卫星的技术本身最终将被淘汰，然而，它们的硬件组成部分仍然极具价值。卫星电缆的数量是极其宝贵的，作为空间制造业的一种资源，这将是一种可持续的解决方案。OOS 是回收已发射空间物体的解决方案。

任务结束（也称为寿命终止处置、退役或简单的处置）是任何空间任务设计的一个重要因素。处置低地球轨道（LEO）卫星有三种可能的选择：1）在地球大气层中进行有控制的再入；2）将卫星储存在储存轨道；3）将卫星轨道降低到足够低的轨道，使得大气阻力发挥效用。受控再入是低轨卫星的首选处置方式，而另一种方式则对 GEO 上的卫星通信提出了挑战[109]。GEO 的处置与 LEO 不同，可以通过 OOS 提供的服务来实现。退役的地球静止轨道卫星退役到所谓的卫星墓地轨道[110]，这适用于地球静止轨道（GEO）中距离地球太远而无法在大气中燃烧的所有卫星。相反，在低地球轨道上，那些靠近地球的卫星被向下定向，最终在大气层中烧毁。

6.14　实例方案

OOS 任务可以为一个已确定的问题提供解决方案，即阻止或至少推迟仅因为有效载荷技术过时而使功能卫星成为空间碎片。在执行 OOS 任务时，OOS 提供商与客户卫星运营商（商业或政府）签订的合同中应包括一系列条款。

客户卫星运营商、OOS 提供商与卫星系统的登记注册国均合并为同一国家时，可提出 OOS 请求。另一种情况是卫星系统的登记注册国家与卫星运营商登记注册国一致，但与 OOS 提供商不同。最后，另一种选择是为在另一个国家注册的卫星系统请求 OOS，而不是卫星运营商和服务提供商所登记注册的国家。这些情况需要不同的法律途径（见表 6－2）。

表 6－2　OOS 客户与 OOS 提供商之间的法律环境

客户	OOS 提供商
如果一个政府实体为注册在本国名下的卫星系统请求 OOS	为使服务提供商执行 OOS,有必要提供以下国家许可和包含以下内容的合同： —客户提供服务的批准 —有关目标的详细信息,包括注册和发射国 —免责条款,包括免赔条款。详细条款可能包括客户同意放弃从 OOS 提供商处收回成本的权利 —知识产权,包括数据保密性 —OOS 执行期间卫星系统的所有权 —关于双重用途或专项许可的条款由政府专门批准 —受益于 SSA 数据的协议 —受益于以离轨为目的的清洁大气和空间的协议

续表

客户	OOS 提供商
如果一个政府实体为注册在其他国家名下的卫星系统请求 OOS	OOS 提供商需要卫星系统注册国的合同批准,否则,它不能执行涉及客户以外的另一个国家注册的卫星系统的 OOS。 任何行动都可能被视为影响该国的国家安全,并可能涉及根据 OST 第三条和《联合国宪章》第七章采取的自卫措施,特别是关于自卫权的第 51 条 如果得到卫星系统登记国的批准,合同协议应载有与上述相同的条款,并作以下修改: —客户和另一个国家对执行 OOS 的批准 —免责保护,包括两个国家关于免除支付 OOS 期间造成的损害的协议
如果一个非政府实体为一个 OOS 提供商和卫星运营商注册所在的相同注册国家的卫星申请 OOS	客户必须为服务提供者提供一个明确的卫星服务请求 卫星 OOS 提供者必须基于客户的请求,获得国家许可证 如果目标公司的注册国批准,合同协议应包含上述相同的条款,包括: —客户批准 —登记国授权

空间活动的全球政治在发展未来 OOS 框架方面发挥着重要作用。空间的持续军事化可能削弱将民用空间资产与防御要素联系起来的反对意见[111]。关于移除空间碎片任务,强调了"是否可以利用自卫原则移除空间碎片,以避免或减少可能发生进一步事件的风险"的问题[112]。

OOS 表现出了 OOS 飞行器与被服务的卫星系统之间发生冲突的高风险,在澄清这一问题之前,各国可能不愿将 OOS 作为商业业务予以许可。这可能会引发这样的问题:OOS 是否会对国家安全产生影响,以及 OOS 提供商是否可以免除责任。在接近过程中,甚至是在控制卫星系统之前,应解决 OOS 操作责任的澄清问题。可以通过双边协定来处理赔偿责任问题,以避免 OST 和《责任公约》(LIAB)之间的差距[113]。

6.15　结论

卫星系统提供的数据和服务使卫星被视为战略资产。美国证明了自己的领导力,并有能力领导国际活动。美国正在为 GEO 投资和开发 OOS 机器人任务,这种技术也有助于减缓空间碎片。

欧洲空间局在空间活动方面拥有其有史以来最大笔的预算,并与商业供应商签订合同,将欧洲空间局拥有的非活动物体从低地球轨道安全移出,这表明欧洲空间局在低地球轨道的空间可持续性方面具有强大的领导作用,并展望了未来重要的新商业服务。

OOS 当前的业务设想是关于卫星延寿、技术更新或在轨重新定位卫星。要求提供 OOS 的卫星运营商和按需提供 OOS 能力的公司之间的协议不是标准化的,签订合同的公司可以制定自己的合同条件,插入条款以保护 OOS 免责。

空间法框架允许 OOS 活动,OOS 提供者的每次任务都需要得到国家当局的许可。OOS 示范任务对于证明此类活动和支持商业活动法律框架的发展非常重要。

从经济和商业的角度来看,通过承包 OOS,卫星收入将覆盖卫星运营商的额外成本。

　　因此，一个 OOS 任务的成本应该允许卫星运营商支付 OOS，并仍然有利润。然而，卫星的寿命仍然是有限的，一旦技术过时，它将和其他卫星一起进入墓地。回收和空间制造可能成为 OOS 的对象。延长卫星寿命、重新定位和升级只是代表了 OOS 对未来空间贡献的一小部分。利用非功能人造卫星上可用的材料，将其作为新发射卫星的备件或在轨组装，将空间碎片转化为一种资源，可以成为一项有利可图的业务。虽然近地轨道卫星最近获得了更多的关注，但地球同步轨道卫星仍然是一种宝贵的资源，即使是在它们失效的时候。

　　空间法律和政策的作用是通过国际合作，提高每个实体进入空间的机会。空间法律和政策有助于制订必要的框架，界定、审查和限制空间内的冒犯行为，从而可以防止外层空间今后的争端。如果说没有空间碎片主动移除（ADR）和在轨服务（OOS），就没有空间可持续性，那么，没有建立在空间态势感知（SSA）和空间交通管理（STM）基础上，就没有真正的、有形的国际合作和全球发展的商业活动也同样是正确的。在外层空间的商业利益和军事利益之间越早达成平衡，就越有利于空间可持续性和支持 OOS 的法律框架的发展。

　　作为一项多用途的航天任务，OOS 可以成为解决 ADR 的一种方案。空间法框架不应只注重预防，而应提供在 ADR 或 OOS 任务期间发生外空碰撞的解决方案。

　　空间活动的法治为防止国家间紧张局势的加剧提供了法律解决方案。法律框架必须继续确保为和平目的和全人类的利益而可持续利用外层空间，正如《外空条约》的条款所成功做到的。空间合作、透明操作和在轨机动信息交换是建立信任的必要条件，是 OOS 空间活动管理的成功模式。

◇ 作 者 简 介 ◇

　　克劳迪乌·米哈伊·塔亚图（Claudiu Mihai Tǎiatu）是一位罗马尼亚律师，2017年毕业于荷兰莱顿大学国际航空和空间法研究所（IIASL），2018 年毕业于国际空间大学（ISU），从事空间研究项目（SSP18）。目前，他正在与欧洲空间政策研究所合作，从事与空间法律和政策有关的项目。

　　他因在空间交通管理方面的研究，于 2017 年获得国际空间法研究所（IISL）Dr. I. H. Ph. Diederiks - Verschoor 教授奖。2018 年，他在 ECSL、欧洲空间政策研究所（ESPI），并在 DLR 德国宇航中心组织的"与卫星星座相关的法律问题"世界空间法征文比赛中获奖。2019 年，他获得安全世界基金会（SWF）奖学金，参加在华盛顿特区举行的国际宇航大会（IAC）。他成功地在 OneWeb 监管事务部、国际电信联盟（ITU）无线电通信局、ESPI 和国际统一私法学会（UNIDROIT）完成了实习工作。他是美国政府事务委员会（SGAC）空间法律和政策通讯小组的成员。

参 考 文 献

[1] Parella, R. M. L. , Space as Engine for Growth, p. 85, in: Froehlich, A. , (Ed.), Post 2030 - Agenda and the Role of Space: The UN 2030 Goals and Their Further Evolution Beyond 2030 for Sustainable Development, 2018, Studies in Space Policy, Volume 17, Springer International Publishing, https: //doi. org/10. 1007/978 - 3 - 319 - 78954 - 5 (accessed 30. 03. 2020) . See also Preface by Froehlich, A.

[2] Bryce Space and Technology, 2019 State of the Satellite Industry, https: //brycetech. com/ reports. html, (accessed 12. 03. 2020).

[3] Wakimoto, T. , Proactive Use of Artificial Intelligence for the Development: Space Satellite as a Key Infrastructure, pp. 1 - 11, in: Froehlich, A. , (Ed.), Post 2030 - Agenda and the Role of Space: The UN 2030 Goals and Their Further Evolution Beyond 2030 for Sustainable Development, Studies in Space Policy, Volume 17, 2018, https: //doi. org/10. 1007/978 - 3 - 319 - 78954 - 5, (accessed 30. 03. 2020).

[4] Unal, B. , International Security Programme, Cyber and Space, July 2019, https: // reader. chathamhouse. org/cybersecurity - nato - s - space - based - strategic - assets ♯ , (accessed 14. 03. 2020).

[5] European Commission, Space Strategy for Europe, October 2016, https: //ec. europa. eu/ transparency/regdoc/rep/1/2016/EN/COM - 2016 - 705 - F1 - EN - MAIN. PDF, (accessed 14. 03. 2020).

[6] International Telecommunication Union, The State of Broadband: Broadband as a Foundation for Sustainable Development, September 2019, https: //www. itu. int/dms _ pub/itu - s/opb/pol/S - POL - BROADBAND. 20 - 2019 - PDF - E. pdf, (accessed 14. 03. 2020).

[7] International Telecommunication Union, Non - geostationary satellite systems, December 2019, https: //www. itu. int/en/mediacentre/backgrounders/Pages/Non - geostationary - satellite - systems. aspx, (accessed 12. 03. 2020); See also: New podcast highlights how ITU works to close the digital divide, March 2020, https: //news. itu. int/new - podcast - highlights - how - itu - works -to - close - the - digital - divide/, (accessed 12. 03. 2020).

[8] Foust, J. , The satellite industry catches a cold, October 2019, https: //www. thespacereview. com/ article/3807/1, (accessed 15. 03. 2020).

[9] Ibid. supra note Parella, R. M. L. , Space as Engine for Growth, p. 95, in: Froehlich, A. , (Ed.), Post 2030 - Agenda and the Role of Space: The UN 2030 Goals and Their Further Evolution Beyond 2030 for Sustainable Development, 2018, Studies in Space Policy, Volume 17, Springer International Publishing, https: //doi. org/10. 1007/978 - 3 - 319 - 78954 - 5 (accessed 30. 03. 2020).

[10] Del Rio Vera, J. , United Nations Office for Outer Space Affairs, Space Sustainability in the 21st Century, October 2017, at Clean Space Industrial Days, ESTEC, https: //indico. esa. int/event/

181/contributions/1384/attachments/1365/1590/01 _ 23102017 _ CleanSpaceIndustryDays. pdf，(accessed 12. 03. 2020).

[11]　North Atlantic Treaty Organization (NATO)，Foreign Ministers take decisions to adapt NATO，recognize space as an operational domain，November 2019，https：//www. nato. int/cps/en/natohq/news _ 171028. htm，(accessed 14. 03. 2020).

[12]　Ellyatt, H. , CNBC—Putin fears the US and NATO are militarizing space and Russia is right to worry, experts say, https：//www. cnbc. com/2019/12/05/nato - in - space - putin - is - worried - about - the - militarization - of - space. html，(accessed 14. 03. 2020).

[13]　Harrison, T. , Johnson, K. , Roberts, T. G. , Way, T. , Young, M. , Space Threat Assessment 2020, March 2020, Center for Strategic and International Studies—CSIS, https：// aerospace. csis. org/wp - content/uploads/2020/03/Harrison _ SpaceThreatAssessment20 _ WEB _ FINAL - min. pdf, (accessed 5. 04. 2020).

[14]　Smith, M. , Growth of Space Threats detailed in Two New Reports, March 2020, Space Policy Online, https：//spacepolicyonline. com/news/growth - of - space - threats - detailed - in - two - new -reports/, (accessed 5. 04. 2020).

[15]　Weeden, B. , Samson, V. , Global Counterspace Capabilities：An Open Source Assessment, April 2020, Secure world Foundation, https：//swfound. org/media/206955/swf _ global _ counterspace _ april2020. pdf, (accessed 5. 04. 2020).

[16]　Froehlich, A. , The Right to (Anticipatory) Self - Defence in Outer Space to Reduce Space Debris, p. 81, in：Froehlich, A. , (Ed.), Space Security and Legal Aspects of Active Debris Removal, 2019, Studies in Space Policy, Volume 16, Springer Nature Switzerland AG, https：//doi. org/ 10. 1007/978 - 3 - 319 - 90338 - 5, (accessed 02. 04. 2020).

[17]　Weeden, B. , The United States is losing its leadership role in the fight against orbital debris, https：//www. thespacereview. com/article/3889/1, (accessed 16. 03. 2020).

[18]　A/AC. 105/C. 1/L. 366, Guidelines for the Long - term Sustainability of Outer Space Activities, July 2018, https：//undocs. org/A/AC. 105/C. 1/L. 366, (accessed 15. 03. 2020).

[19]　Ibid. supra note A/AC. 105/C. 1/L. 366, Guidelines for the Long - term Sustainability of Outer Space Activities, July 2018, https：//undocs. org/A/AC. 105/C. 1/L. 366, (accessed 15. 03. 2020).

[20]　Secure World Foundation, Space Sustainability, A Practical Guide, p. 4, 2018, https：//swfound. org/media/206407/swf _ space _ sustainability _ booklet _ 2018 _ web. pdf, (accessed 5. 04. 2020).

[21]　Ibid. supra note Degrange, V. , Active Debris Removal：A Joint Task and Obligation to Cooperate for the Benefit of Mankind, p. 3, in：Froehlich, A. , Space Security and Legal Aspects of Active Debris Removal, 2019, Studies in Space Policy, Volume 16, Springer Nature Switzerland.

[22]　Ibid. supra note Degrange, V. , Active Debris Removal：A Joint Task and Obligation to Cooperate for the Benefit of Mankind, p. 4, in：Froehlich, A. , Space Security and Legal Aspects of Active Debris Removal, 2019, Studies in Space Policy, Volume 16, Springer Nature Switzerland.

[23]　Ibid. supra note Degrange, V. , Active Debris Removal：A Joint Task and Obligation to Cooperate for the Benefit of Mankind, p. 5, in：Froehlich, A. , Space Security and Legal Aspects of Active Debris Removal, 2019, Studies in Space Policy, Volume 16, Springer Nature Switzerland.

[24]　Frigoli, M. , Between Active Debris Removal and Space - Based Weapons：A Comprehensive Legal

Approach, p. 52, in: Froehlich, A. , Space Security and Legal Aspects of Active Debris Removal, 2019, Studies in Space Policy, Volume 16, Springer Nature Switzerland.

[25] Frigoli, M. , Between Active Debris Removal and Space - Based Weapons: A Comprehensive Legal Approach, p. 58, in: Froehlich, A. , (Ed.), Space Security and Legal Aspects of Active Debris Removal, 2019, Studies in Space Policy, Volume 16, Springer Nature Switzerland.

[26] Nardone, V. , Dispute Resolution in the Context of ADR: A Public International Law Perspective, p. 18, in: Froehlich, A. , Space Security and Legal Aspects of Active Debris Removal, 2019, Studies in Space Policy, Volume 16, Springer Nature Switzerland.

[27] Nardone, V. , Dispute Resolution in the Context of ADR: A Public International Law Perspective, p. 20, in: Froehlich, A. , Space Security and Legal Aspects of Active Debris Removal, 2019, Studies in Space Policy, Volume 16, Springer Nature Switzerland.

[28] Nardone, V. , Dispute Resolution in the Context of ADR: A Public International Law Perspective, p. 22, in: Froehlich, A. , Space Security and Legal Aspects of Active Debris Removal, 2019, Studies in Space Policy, Volume 16, Springer Nature Switzerland.

[29] Tian, Z. , Proposal for an International Agreement on Active Debris Removal, p. 112, in: Froehlich, A. , Space Security and Legal Aspects of Active Debris Removal, 2019, Studies in Space Policy, Volume 16, Springer Nature Switzerland.

[30] Ibid. supra note Parella, R. M. L. , Space as Engine for Growth, p. 95, in: Froehlich, A. , (Ed.), Post 2030 - Agenda and the Role of Space: The UN 2030 Goals and Their Further Evolution Beyond 2030 for Sustainable Development, 2018, Studies in Space Policy, Volume 17, Springer International Publishing, https: //doi. org/10. 1007/978 - 3 - 319 - 78954 - 5 (accessed 30. 03. 2020).

[31] Aloia, V. , The Sustainability of Large Satellite Constellations: Challenges for Space Law, p. 86, in: Froehlich, A. , Legal Aspects Around Satellite Constellations, 2019, Studies in Space Policy, Volume 19, Springer Nature Switzerland, https: //doi. org/10. 1007/978 - 3 - 030 - 06028 - 2, (accessed 31. 03. 2020).

[32] Degrange, V. , Active Debris Removal: A Joint Task and Obligation to Cooperate for the Benefit of Mankind, p. 2, in: Froehlich, A. , Space Security and Legal Aspects of Active Debris Removal, 2019, Studies in Space Policy, Volume 16, Springer Nature Switzerland.

[33] Froehlich, A. , Seffiga, V. , (Eds.), National Space Legislation: A Comparative and Evaluative Analysis, p. 2, 2018, Studies in Space Policy, Volume 15, Springer International Publishing, https: //doi. org/10. 1007/978 - 3 - 319 - 70431 - 9, (accessed 20. 03. 2019).

[34] Ibid. supra note Froehlich, A. , Seffiga, V. , (Eds.), National Space Legislation: A Comparative and Evaluative Analysis, p. 7, 2018, Studies in Space Policy, Volume 15, Springer International Publishing, https: //doi. org/10. 1007/978 - 3 - 319 - 70431 - 9, (accessed 20. 03. 2019).

[35] Ibid. supra note Froehlich, A. , Seffiga, V. , (Eds.), National Space Legislation: A Comparative and Evaluative Analysis, p. 8, 2018, Studies in Space Policy, Volume 15, Springer International Publishing, https: //doi. org/10. 1007/978 - 3 - 319 - 70431 - 9, (accessed 20. 03. 2019).

[36] Aloia, V. , The Sustainability of Large Satellite Constellations: Challenges for Space Law, p. 90, in: Froehlich, A. , Legal Aspects Around Satellite Constellations, p. 90, 2019, Studies in Space Policy, Volume 19, Springer Nature Switzerland, https: //doi. org/10. 1007/978 - 3 - 030 - 06028 -

2，(accessed 31. 03. 2020).

[37]　Frigoli, M. , Between Active Debris Removal and Space – Based Weapons: A Comprehensive Legal Approach, p. 57, in: Froehlich, A. , (Ed.), Space Security and Legal Aspects of Active Debris Removal, 2019, Studies in Space Policy, Springer Nature Switzerland.

[38]　Wright, E. , Legal Aspects Relating to Satellite Constellations, p. 30, in: in: Froehlich, A. , Legal Aspects Around Satellite Constellations, 2019, Studies in Space Policy, Volume 16, Springer Nature Switzerland, https: //doi. org/10. 1007/978 – 3 – 030 – 06028 – 2, (accessed 31. 03. 2020).

[39]　Chung, C. , Jurisdiction and Control Aspects of Space Debris Removal, p. 33, in: Froehlich, A. , (Ed.), Space Security and Legal Aspects of Active Debris Removal, 2019, Studies in Space Policy, Volume 16, Springer Nature Switzerland.

[40]　Tian, Z. , Proposal for an International Agreement on Active Debris Removal, p. 120, in: Froehlich, A. , (Ed.), Space Security and Legal Aspects of Active Debris Removal, 2019, Studies in Space Policy, Volume 16, Springer Nature Switzerland.

[41]　Secure World Foundation, Summary Report—Workshop on Responsible Space Behavior and the Democratization of Space, February 2020, https: //swfound. org/media/206953/gstc – workshop – 2020 _ report _ mar112020 – 1. pdf, (accessed 15. 03. 2020).

[42]　Ibid. supra note Morssink, M. , An Equitable and Efficient Use of Outer Space and its Resources and the Role of the UN, the IUT and States Parties, p. 6, in: Froehlich, A. , Legal Aspects Around Satellite Constellations, Studies in Space Policy, Volume 19, Springer Nature Switzerland, 2019, https: //doi. org/10. 1007/978 – 3 – 030 – 06028 – 2, (accessed 31. 03. 2020).

[43]　Riesbeck, L. , PowerPoint—The Critical Role of Norm – Building and Collaboration in "Standardized, Safe, and Sustainable" Commercial On – Orbit Satellite Servicing (OOS), International Astronautical Congress 2019.

[44]　Ibid. supra note Weeden, B. , The United States is losing its leadership role in the fight against orbital debris, https: //www. thespacereview. com/article/3889/1, (accessed 16. 03. 2020).

[45]　L. Riesbeck, The Critical Role of Norm – Building and Collaboration in "Standardized, Safe and Sustainable" Commercial On – Orbit Satellite Servicing (OSS), 70th International Astronautical Congress (IAC) IAC – 19, E3, 4, 5, x52226, Washington D. C. , 21 – 25 October 2019.

[46]　Weeden, B. , Dancing in the dark redux: Recent Russian rendezvous and proximity operations in space, https: //www. thespacereview. com/article/2839/2, (accessed 18. 03. 2020).

[47]　Weeden, B. , Dancing in the dark redux: Recent Russian rendezvous and proximity operations in space, https: //www. thespacereview. com/article/2839/2, (accessed 18. 03. 2020).

[48]　NASA, Space Technology Mission Directorate, Satellite Servicing TDM Project Overview, https: //www. nasa. gov/mission _ pages/tdm/satellite – servicing. html, (accessed 18. 03. 2020).

[49]　Baczyńska – Wilkowska, M. , Outer Space Treaty During Fourth Industrial Revolution, pp. 71 – 72.

[50]　Howell, E. , Two private satellite just docked in space in historic first for orbital servicing, https: //www. space. com/private – satellites – docking – success – northrop – grumman – mev – 1. html, (accessed 12. 02. 2020).

[51]　O' Callaghan, J. , Horizon The EU Research and Innovation Magazine—Docking, rendezvous and Newton's third law—the challenge of servicing satellites in space, March 2020, https: //horizon –

magazine. eu/article/docking – rendezvous – and – newton – s – third – law – challenge – servicing – satellite – space. html，(accessed 16. 03. 2020).

[52]　Henry, C. , Northrop Grumman's MEV – 1 servicer docks with Intelsat satellite, February 2020, https：//spacenews. com/northrop – grummans – mev – 1 – servicer – docks – with – intelsat – satellite/，(accessed 5. 03. 2020).

[53]　NASA，Archinaut One，October 2019，https：//www. nasa. gov/mission _ pages/tdm/archinaut/ index. html，(accessed 18. 03. 2020).

[54]　Berger，E. , NASA seeks to break the "tyranny of launch" with in – space manufacturing, July 2019, https：//arstechnica. com/science/2019/07/nasas – technology – program – funds – ambitious – in – space – manufacturing – mission/，(accessed 18. 03. 2020).

[55]　Made in Space, For Space in Space, https：//madeinspace. us/capabilities – and – technology/ archinaut/，(accessed 18. 03. 2020).

[56]　NASA，Restore – L Robotic Servicing Mission，https：//sspd. gsfc. nasa. gov/restore – l. html，(accessed 18. 03. 2020).

[57]　Writers，S. , NASA funds demonstration of assembly and manufacturing in space, February 2020, https：//www. spacedaily. com/reports/NASA _ funds _ demonstration _ of _ assembly _ and _ manufacturing _ in _ space _ 999. html，(accessed 18. 03. 2020).

[58]　Parrish，J. , DARPA—Robotic Servicing of Geosynchronous Satellites, https：//www. darpa. mil/ program/robotic – servicing – of – geosynchronous – satellites，(accessed 18. 03. 2020).

[59]　Ibid. supra note DARPA, In – space Robotic Servicing Program Moves Forward with New Commercial Partner, March 2020，https：//www. darpa. mil/news – events/2020 – 03 – 04，(accessed 18. 03. 2020).

[60]　DARPA，In – space Robotic Servicing Program Moves Forward with New Commercial Partner, March 2020, https：//www. darpa. mil/news – events/2020 – 03 – 04，(accessed 14. 03. 2020).

[61]　SpaceLogistics selected by DARPA as commercial partner for robotic servicing mission，March 2020, https：//www. controldesign. com/industrynews/2020/spacelogistics – selected – by – darpa – as – commercial – partner – for – robotic – servicing – mission/，(accessed 14. 03. 2020).

[62]　ESPI, STM, p. 53.

[63]　ESA Convention and Council Rules of Procedure，SP – 1317/EN，December 2010，https：// esamultimedia. esa. int/docs/LEX – L/ESA – Convention/SP – 1317 _ EN. pdf，(accessed 18. 03. 2020).

[64]　European Space Agency, ESA commissions world's first space debris removal, December 2019, https：//www. esa. int/Safety _ Security/Clean _ Space/ESA _ commissions _ world _ s _ first _ space _ debris _ removal，(accessed 16. 03. 2020).

[65]　European Space Agency, In – Orbit Servicing：Disposal, August 2019, https：//www. esa. int/ Safety _ Security/Clean _ Space，(accessed 16. 03. 2020).

[66]　ESPI, Space Traffic Management, p. 52.

[67]　SpaceNews, 20 Space Industry Predictions for 2020, https：//spacenews. com/20 – space – industry – predictions – for – 2020/，(accessed 14. 03. 2020).

[68]　Henry, C. , Swiss startup ClearSpace wins ESA contract to deorbit Vega rocket debris, December

2019, https：//spacenews. com/swiss － startup － clearspace － wins － esa － contract － to － deorbit － vega － rocket － debris/, (accessed 16. 03. 2020).

[69]　European Space Agency, ESA's e. Deorbit debris removal mission reborn as servicing vehicle, December 2018, https：//www. esa. int/Safety ＿ Security/Clean ＿ Space/ESA ＿ s ＿ e. Deorbit ＿ debris ＿ removal ＿ mission ＿ reborn ＿ as ＿ servicing ＿ vehicle, (accessed 16. 03. 2020).

[70]　Frigoli, M. , Wild Military Operations in Outer Space：A Sword of Damocles Hanging over the Future of Space Environment and Space Activities, p. 51, in Froehlich, A. (Ed.), A Fresh View on the Outer Space Treaty, 2018, Studies in Space Policy, Volume 13, Springer International Publishing.

[71]　Froehlich, A. , The Right to (Anticipatory) Self － Defence in Outer Space to Reduce Space Debris, p. 73, in：Froehlich, A. , (Ed.) Space Security and Legal Aspects of Active Debris Removal, 2019, Studies in Space Policy, Volume 16, Springer Nature Switzerland.

[72]　Res 2222 (XXI), Treaty on Principles Governing the Activities of States in the Exploration and Use of Outer Space, including the Moon and Other Celestial Bodies, 1966, https：//www. unoosa. org/ oosa/en/ourwork/spacelaw/treaties/introouterspacetreaty. html, (accessed 18. 03. 2020).

[73]　Ibid. supra note Riesbeck, L. , PowerPoint—The Critical Role of Norm － Building and Collaboration in "Standardized, Safe, and Sustainable" Commercial On － Orbit Satellite Servicing (OOS), International Astronautical Congress 2019.

[74]　Dethlefsen, T. F. , On － Orbit Servicing：Repairing, Refueling and Recycling the Legal Framework, IAC － 19 － E7, 1, 7, x53939, https：//iislweb. org/wp － content/uploads/2019/11/IAC － 2019 ＿ Thea ＿ F ＿ Dethlefsen. pdf, (accessed 17. 03. 2020).

[75]　Chung, C. , Jurisdiction and Control Aspects of Space Debris Removal, p. 33, in：Froehlich, A. , Space Security and Legal Aspects of Active Debris Removal, 2019, Studies in Space Policy, Volume 16, Springer Nature Switzerland.

[76]　Chung, C. , Jurisdiction and Control Aspects of Space Debris Removal, p. 40, in：Froehlich, A. , Space Security and Legal Aspects of Active Debris Removal, 2019, Studies in Space Policy, Volume 16, Springer Nature Switzerland.

[77]　Frigoli, M. , Between Active Debris Removal and Space － Based Weapons：A Comprehensive Legal Approach, p. 56, in：Froehlich, A. , Space Security and Legal Aspects of Active Debris Removal, 2019, Studies in Space Policy, Volume 16, Springer Nature Switzerland.

[78]　Chung, C. , Jurisdiction and Control Aspects of Space Debris Removal, p. 41, in：Froehlich, A. , Space Security and Legal Aspects of Active Debris Removal, 2019, Studies in Space Policy, Volume 16, Springer Nature Switzerland.

[79]　Chung, C. , Jurisdiction and Control Aspects of Space Debris Removal, p. 46, in：Froehlich, A. , Space Security and Legal Aspects of Active Debris Removal, 2019, Studies in Space Policy, Volume 16, Springer Nature Switzerland.

[80]　Chung, C. , Jurisdiction and Control Aspects of Space Debris Removal, p. 45, in：Froehlich, A. , Space Security and Legal Aspects of Active Debris Removal, 2019, Studies in Space Policy, Volume 16, Springer Nature Switzerland.

[81]　Tian, Z. , Proposal for an International Agreement on Active Debris Removal, p. 110, in：

Froehlich，A.，Space Security and Legal Aspects of Active Debris Removal，2019，Studies in Space Policy，Volume 16，Springer Nature Switzerland.

[82] De Waal Alberts，A.，The Degree of the Lack of Regulation of Space Debris Within the Current Space Law Regime and Suggestions for a Prospective Legal Framework and Technological Interventions，p. 105，in：Froehlich，A.，Space Security and Legal Aspects of Active Debris Removal，2019，Studies in Space Policy，Volume 16，Springer Nature Switzerland.

[83] Ibid. supra note Dethlefsen，T. F.，On – Orbit Servicing：Repairing，Refueling and Recycling the Legal Framework，IAC – 19 – E7，1，7，x53939，https：//iislweb. org/wp – content/uploads/ 2019/11/IAC – 2019 _ Thea _ F _ Dethlefsen. pdf，(accessed 17. 03. 2020).

[84] Barnhart，D. A.，Rughani，R.，On – Orbit Servicing Ontology applied to Recommended Standards for Satellites in Earth Orbit，IAC – 19 – D1.6.9，https：//www. isi. edu/sites/default/files/users/ barnhart/IAC – 19 – D1.6.9 – On – Orbit％20Servicing％20Ontology％20applied％20to％ 20Recommended％20Standards％20for％20Satellites％20in％20Earth％20Orbit – FINAL. pdf， (accessed 3. 03. 2020).

[85] Space Safety Coalition，Best Practices for the Sustainability of Space Operations，September 2019， https：//spacesafety. org/best – practices/，(accessed 17. 03. 2020).

[86] Riesbeck，L.，The Critical Role of Norm – Building and Collaboration in "Standardized，Safe and Sustainable" Commercial On – Orbit Satellite Servicing (OOS)，IAC – 19，E3，4，5，x52226， https：//iafastro. directory/iac/proceedings/IAC – 19/IAC – 19/E3/4/manuscripts/IAC – 19，E3， 4，5，x52226. pdf，(accessed 18. 03. 2020).

[87] Ibid. supra note Riesbeck，L.，The Critical Role of Norm – Building and Collaboration in "Standardized，Safe and Sustainable" Commercial On – Orbit Satellite Servicing (OOS)，IAC – 19， E3，4，5，x52226，https：//iafastro. directory/iac/proceedings/IAC – 19/IAC – 19/E3/4/ manuscripts/IAC – 19，E3，4，5，x52226. pdf，(accessed 18. 03. 2020).

[88] Tian，Z.，Proposal for an International Agreement on Active Debris Removal，p. 110，in： Froehlich，A.，Space Security and Legal Aspects of Active Debris Removal，2019，Studies in Space Policy，Volume 16，Springer Nature Switzerland.

[89] Space Policy Directive – 3，National Space Traffic Management Policy，June 2018，https：// www. whitehouse. gov/presidential – actions/space – policy – directive – 3 – national – space – traffic – management – policy/，(accessed 18. 03. 2020).

[90] European Space Policy Institute，Towards a European Approach to Space Traffic Management，p. 32，in：ESPI Report 71，January 2020，https：//espi. or. at/publications/espi – public – reports， (accessed 17. 03. 2020).

[91] Frigoli，M.，Wild Military Operations in Outer Space：A Sword of Damocles Hanging over the Future of Space Environment and Space Activities，p. 51，in：Froehlich，A.，(Ed.)，A Fresh View on the Outer Space Treaty，2018，Studies in Space Policy，Volume 13，Springer International Publishing.

[92] Frigoli，M.，Wild Military Operations in Outer Space：A Sword of Damocles Hanging over the Future of Space Environment and Space Activities，p. 54，in：Froehlich，A.，(Ed.)，A Fresh View on the Outer Space Treaty，2018，Studies in Space Policy，Volume 13，Springer International

Publishing.

[93] Frigoli, M., Wild Military Operations in Outer Space: A Sword of Damocles Hanging over the Future of Space Environment and Space Activities, p. 55, in: Froehlich, A., (Ed.), A Fresh View on the Outer Space Treaty, 2018, Studies in Space Policy, Volume 13, Springer International Publishing.

[94] Froehlich, A., The Right to (Anticipatory) Self-Defence in Outer Space to Reduce Space Debris, p. 81, in: Froehlich, A., (Ed.) Space Security and Legal Aspects of Active Debris Removal, 2019, Studies in Space Policy, Volume 16, Springer Nature Switzerland.

[95] Ibid. supra note Froehlich, A., The Right to (Anticipatory) Self-Defence in Outer Space to Reduce Space Debris, p. 81, in: Froehlich, A. (Ed.), Space Security and Legal Aspects of Active Debris Removal, 2019, Studies in Space Policy, Volume 16, Springer Nature Switzerland.

[96] Frigoli, M., Wild Military Operations in Outer Space: A Sword of Damocles Hanging over the Future of Space Environment and Space Activities, p. 57, in: Froehlich, A., (Ed.), A Fresh View on the Outer Space Treaty, 2018, Studies in Space Policy, Volume 13, Springer International Publishing.

[97] Weeden, B., Intel ... Zombiesats and On-Orbit Servicing, September 2010, https://www. milsatmagazine.com/story.php? number=152118614, (accessed 3.3.2020).

[98] Wilhelm, J.C., The Keys to Rule Them All: Sustainable Development of Orbital Resources, p. 66, in: Froehlich, A., (Ed.), Post 2030-Agenda and the Role of Space: The UN 2030 Goals and Their Further Evolution Beyond 2030 for Sustainable Development, 2018, Studies in Space Policy, Volume 17, Springer International Publishing, https://doi.org/10.1007/978-3-319-78954-5 (accessed 30.03.2020).

[99] Ibid. supra note Wilhelm, J.C., The Keys to Rule Them All: Sustainable Development of Orbital Resources, p. 67, in: Froehlich, A., (Ed.), Post 2030-Agenda and the Role of Space: The UN 2030 Goals and Their Further Evolution Beyond 2030 for Sustainable Development, 2018, Studies in Space Policy, Volume 17, Springer International Publishing, https://doi.org/10.1007/978-3-319-78954-5 (accessed 30.03.2020).

[100] Ibid. supra note Wilhelm, J.C., The Keys to Rule Them All: Sustainable Development of Orbital Resources, p. 67, in: Froehlich, A., (Ed.), Post 2030-Agenda and the Role of Space: The UN 2030 Goals and Their Further Evolution Beyond 2030 for Sustainable Development, 2018, Studies in Space Policy, Volume 17, Springer International Publishing, https://doi.org/10.1007/978-3-319-78954-5 (accessed 30.03.2020).

[101] Ibid. supra note Wilhelm, J.C., The Keys to Rule Them All: Sustainable Development of Orbital Resources, p. 69, in: Froehlich, A., (Ed.), Post 2030-Agenda and the Role of Space: The UN 2030 Goals and Their Further Evolution Beyond 2030 for Sustainable Development, 2018, Studies in Space Policy, Volume 17, Springer International Publishing, https://doi.org/10.1007/978-3-319-78954-5 (accessed 30.03.2020).

[102] Pekkanen, S.M., Governing the New Space Race, April 2019, in: American Journal of International Law, AJIL Unbound, Volume 113, 2019, pp. 92-97, https://www.cambridge.org/core/journals/american-journal-of-international-law/article/governing-the-new-space-race/

14BD9B37A7A15A8E225A5355BB29E51B/core - reader♯，(accessed 15. 03. 2020).

[103] Organisation for Economic Co - operation and Development (OECD)，The Space Economy in Figures：How Space Contributes to the Global Economy，July 2019，https：//www. oecd. org/ innovation/the - space - economy - in - figures - c5996201 - en. htm，(accessed 12. 03. 2020).

[104] Bryce Space and Technology，2018 Global Space Economy，2018，https：//brycetech. com/ reports. html，(accessed 12. 03. 2020).

[105] European Space Agency，No. 22—2019：ESA ministers commit to biggest ever budget，November 2019，https：//www. esa. int/Newsroom/Press _ Releases/ESA _ ministers _ commit _ to _ biggest _ ever _ budget，(accessed 14. 03. 2020).

[106] Imura，T. ，Otsuka，T. ，Kawahara，Y. ，Yuge，L. ，"Microgravity" as a unique and useful stem cell culture environment for cell - based therapy，15 December 2019，Regenerative Therapy，Volume 12，pp. 2 - 5，https：//doi. org/10. 1016/j. reth. 2019. 03. 001，https：//www. sciencedirect. com/ science/article/pii/S2352320418300956，(accessed 5. 03. 2020).

[107] Pellis，N. R. ，Microgravity Cell Biology，https：//www. nasa. gov/pdf/478073main _ Day1 _ P03a _ Pellis _ Cell _ Biology. pdf，(accessed 5. 03. 2020).

[108] Kasap，H. ，Exotic Glass Fibers from Space—The Race to Manufacture ZBLAN，December 2018，https：//upward. issnationallab. org/the - race - to - manufacture - zblan - 4 - 3/，(accessed 5. 03. 2020).

[109] Hull，S. M. ，NASA Goddard Space Flight Center—End of Mission Considerations，https：// ntrs. nasa. gov/archive/nasa/casi. ntrs. nasa. gov/20130000278. pdf，(accessed 5 March 2020).

[110] International Telecommunication Union，Recommendation ITU - R S. 1003，Environmental Protection of the Geostationary - Satellite Orbit，https：//www. itu. int/dms _ pubrec/itu - r/rec/s/ R - REC - S. 1003 - 0 - 199304 - S!! PDF - E. pdf，(accessed 5. 04. 2020).

[111] Joseph Borell，at the 12th European Space Conference，https：//www. euractiv. com/section/ defence - and- security/news/budget - battle - hampers - eu - in - space/，(accessed 18. 02. 2020).

[112] Ibid. supra note Froehlich，A. ，The Right to (Anticipatory) Self - Defence in Outer Space to Reduce Space Debris，in：Froehlich，A. ，Space Security and Legal Aspects of Active Debris Removal，2019，Studies in Space Policy，Springer Nature Switzerland.

[113] RES 2777 (XXIV)，Convention on International Liability for Damage Caused by Space Objects，1971，https：//www. unoosa. org/oosa/en/ourwork/spacelaw/treaties/introliability - convention. html，(accessed 18. 03. 2020).

第 7 章　在轨服务、机会与责任

摘　要　根据《责任公约》，航天器的发射国应该对日后地球上发生的任何涉及该航天器的事故损害承担责任。过去几年，计划中的巨型通信卫星星座开始投入建设，在轨卫星总数量以超过预期的速度在增长。卫星数量增加虽然带来了经济效益，但也需要付出代价。随着轨道上空间物体数量的增加，正常运行的航天器与成千上万的空间碎片中的任意一片发生不受欢迎的相互作用的可能性也随之增加，这将导致航天器故障，并可能对地球造成潜在损害。这对于那些要为航天器负责的国家来说尤其重要，因为这些国家面临的风险必然会增加。本文将研究《责任公约》下的责任方如何利用"在轨服务"来减轻其风险负担。

7.1　引言

航天产业在逐年增长的全球经济中扮演着非常重要的角色。两家大型美国投资银行预测，航天产业的规模到 2040 年将至少达到（略高于）万亿美元（摩根士丹利），最多则会接近 30 000 亿美元（美国美林银行）[1]。2019 年版空间报告[2]中公布的数字的确支持了上述预测：2018 年，航天产业的直接经济贡献接近 4 150 亿美元；与十年前相比，发射数量增加了近 50%。航天产业的间接贡献更加难以确定，因为它对现代社会的影响已根深蒂固，几乎体现在每一个社会经济部门。渴望互联互通的第四次工业革命的融合技术将越来越依赖空间技术；对空间设备的部署需求日益增加，低地球轨道已成为一个非常有争议的空间，实际上处于"空间耗尽"的危险之中[3]。

卫星数量的增加所带来的影响是双重的：从积极的一面来看，它为地球上社会经济的深远改善创造了条件；从消极的一面看，尤其是近地轨道上扩散的卫星，将增加功能性空间物体与现有空间碎片之间碰撞的风险。

图 7-1 中两个"救生圈"图形中较小的一个图形说明被跟踪的空间碎片数量与在轨航天器（活动和非活动）之间的相对关系，另外一个较大的"救生圈"图形则表明近地轨道是相对于其他选择的首选轨道。除了被跟踪到的空间碎片以外，事实上，还有数以百万计的小碎片在以难以置信的速度移动，造成了突发意外碰撞的真正危险。

空间碎片，俗称"太空垃圾"，通常被认为是人类活动在空间遗留的任何不需要的物体或者材料[4]。碎片可以在航天器生命周期中的任何阶段产生：废弃的运载火箭级或任何与辅助任务有关的报废碎片、发射失败的航天器、寿命终止的航天器和损毁的航天器。损毁航天器有可能产生成千上万个（如果不是数百万个）高速飞行的碎片，而且很难（如果

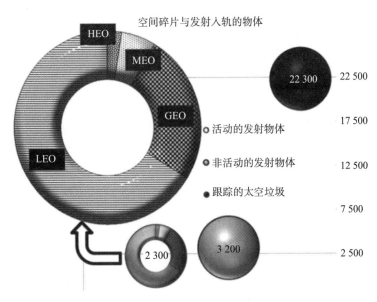

空间碎片与发射入轨的物体

- 活动的发射物体
- 非活动的发射物体
- 跟踪的太空垃圾

图 7 - 1　跟踪到的与轨道上活动空间物体有关的空间碎片

不是不可能）被追踪。碎片事件通常是一些计划之外的、不可预见的或者意外情况的结果；然而在许多场合下，这些事件是故意摧毁航天器行动的一部分。

《空间物体造成损害的国际责任公约》[5] 俗称《责任公约》，规定了空间物体对地球造成损害时，责任主体的赔偿责任负担规则。从统计学上讲，在空间碎片聚集的地区，更多卫星的移动将会增加碰撞的概率，使得责任主体面临的风险增加。因此，减少风险暴露的策略需要侧重于如何防止碰撞。可以通过三种方式实现这一目标：减少卫星数量、防止碎片产生和减少活跃的空间碎片。由于卫星发射不太可能减少，事实上正如前面所指出的那样，预期会有相反的结果，因此，重点应该是减少碎片。对碎片救援问题感兴趣的各方，可以采用的最佳工具之一就是"在轨服务"这一发展中的技术，这在 2020 年年初得到了充分的证明。2020 年 2 月 25 日，航天产业开辟了一个新领域，一个特制的航天器 MEV - 1 成功延长了地球静止轨道上一颗燃料不足的活跃的通信卫星的工作寿命[6]。

本文将试图探讨在轨服务作为潜在的责任减轻机制，根据若干背景专题，从《责任公约》的内容、风险和目前的轨道状况入手，简要分析目前的在轨服务举措。

7.2　责任公约

《责任公约》提供了解决因空间物体故障造成碎片掉落而对地球（包括飞机）上的"人身健康和私营财产"造成损害的赔偿程序。简而言之，空间物体的发射国被认为对有关物体今后在地球表面造成的任何损害负有国际责任。在不同国家合作发射空间物体的情况下，赔偿责任还可以扩大到包括一个以上的国家。《责任公约》项下的赔偿要求只能在国家一级提出，即受害方必须由各自的国家来代表，向责任国索赔。《责任公约》与国家一级关于损害赔偿的任一现行立法相衔接。

　　适用《责任公约》最著名的例子之一是"Kosmos 954"[7]卫星，这是现在已经不存在的苏联于1977年发射的一颗情报收集卫星。这颗核动力卫星在发射后不久便出现了故障，并于1978年1月下旬重新进入地球大气层。该卫星配备了特殊的安全装置，可通过将反应堆堆芯射入所谓的安全的"坟墓轨道"来防止反应堆堆芯再次进入大气层。然而这一过程失败了，而且由于受损的卫星在大气层中发生了破裂，碎片覆盖了加拿大北部的大片地区，其中包括放射性反应堆堆芯的某些部分。后来虽然发起了一项名为"晨光行动"的清理行动[8]，但仅回收了极少量的放射性碎片。最终，苏联根据1981年《责任公约》的和解安排，支付了300万加元的赔偿[9]。

　　关于空间物体间的碰撞，例如一块碎片和一颗正常运行的卫星，尽管目前尚无正式的定义，但对责任方的确定问题变得更加不透明，因为目前尚无关于空间碎片的法律定义[10]。2007年，联合国和平利用外层空间委员会（UNCOPOUS）通过了其科学和技术小组委员会提出的一套准则，将空间碎片的定义正式确定为："在地球轨道上或者重返大气层的所有无法正常运行的人造物体，包括其碎片和部件。"[11]

7.3　风险

　　尽管对于风险的含义有多种解释，但通常都围绕着不良事件发生的可能性及其影响而展开。加拿大职业健康与安全中心将风险定义为："危害发生的可能性与危害严重程度的结合。"[12]对于暴露在风险中的任何个体或者组织而言，重要的是了解他们的风险暴露及其应对方法，通常称之为风险管理。

　　风险管理是现代经济形势中研究最多的方面之一，它是一个非常复杂的过程，没有简单的答案，常常会说："通往地狱的路是由善意铺成的。"[13]前面提到的这句谚语传达了这样的信息：如没有采取适当的行动来实际做好，仅仅有善意是不够的。这在实践中相当适用于许多失败的风险管理过程。令人遗憾的是，在商业世界中有许多风险管理失败的例子，其中一些规模如此之大，以至于造成了系统性损害。2007年，所谓的银行"次贷"危机引发了2008年的金融危机，导致了自"大萧条"以来最严重的经济衰退现象[14]。其他风险管理失败的例子有的不仅会导致财务损失，还会造成持久的环境破坏。2010年，"深水地平线"，即一个海上石油钻井平台的爆炸，导致超过8亿L石油的泄漏，造成了严重的环境破坏，其连锁反应至今仍在[15]。

　　在2012年《哈佛商业评论》的一篇文章中，Kaplan和Mikes[16]引用"深水地平线"的悲剧作为一个风险管理失败的案例，该案例是由于其组织致力于合规性和基于规则的风险管理方法而导致未能识别出运营情形下特有的关键风险。

　　他们将组织应根据其独特的现实情况（无论是企业层面还是项目层面）进行干预的三大类问题进行了分类，即（表7-1）：

表 7-1　风险通用分类

现实情况	类别
可预防的	通常存在于组织内部,从一开始就能够施以控制或者根本消除
策略性的	组织为了实现目标而承受的风险,对此必须审慎管理
外部的	这些风险存在于组织的影响范围之外并且无法控制,因此需要确定适当的缓解措施

为了管理风险,组织将确定其"固有风险",换句话说,是组织面临的"原始"风险的基本级别。固有风险的性质和程度通常是确定风险管理战略的主要影响因素。在本文中,将使用项目管理协会所使用的风险管理的定义,即"这是一个过程,可使个人风险事件和整体风险得到主动理解和管理,通过最小化威胁和最大化机会来优化成功。"[17]风险管理策略的选择将进一步由另外两个影响因素来决定,即本组织的"风险偏好"和"风险承受能力"。风险偏好被看作一个由组织决定的高水平边界,用以表明它愿意承担的风险量,周围的方差被称为风险承受能力[18]。为了根据其所确定的风险偏好减少残余风险,组织将确定一种通用的风险管理办法。风险管理通常包括表 7-2 中列出的四种基本的通用方法中的一种[19]。

表 7-2　风险管理策略

序号	策略
1	避免——做出的选择是完全不从事任何可能导致特定风险和一连串责任的活动
2	接受——确认潜在风险并且确定任何相关责任
3	降低——责任方采取措施降低风险的严重性
4	转移——责任方将风险负担的全部或者部分转移给另一方

在该组织实施了所选择的风险缓解计划(通常涉及一般风险管理策略的组合)后,通常仍将保留一定数量的风险,一般称为"残余风险"。

根据《责任公约》,可能因航天器造成的损害而遭遇潜在诉讼的缔约方,通常将面临表 7-1 中提到的那些风险的组合。风险成分的很大一部分将偏向外部类别,使这些参与方具有较高水平的残余风险。因为航天器责任方的缓解目标相当简单:将卫星进入地球大气层的可能性降到最低,使其在再入大气层时大块碎片无法存活,从而使其避免面临索赔。由于无法控制空间中的外部风险并且无法将风险转移给任何其他方,因此,风险管理策略需要采用策略组合的方法来适应和创新。重要的是,它将努力识别已知危险,并探索更倾向于减少风险的缓解策略。以两种情况为例,涉及近地轨道航天器和接近空间碎片:

1)场景 1:航天器受到一块碎片的威胁,地面控制机构已经确定这两个物体可能处于碰撞轨道上。在这种情况下,可以通过以下方法降低风险:

a)接受——如果发生碰撞,应将航天器留在原处,并承担由此带来的后果和责任。

b)避免——暂时将航天器重新放置在一个安全的环境中,以防止可能发生的碰撞,但这会有所取舍,因为这样会消耗燃料,最终缩短航天器的使用寿命。

c)降低——将航天器移动到没有被追踪碎片的新轨道上,在此轨道上仍可以正常工作。

d）转移——通过向保险公司投保可能遭受的损失，并在发生碰撞时提出索赔。

2）场景 2：航天器受到一块没有被跟踪的碎片的威胁，没有人意识到这两个物体可能处于碰撞轨道上。在这种情况下，由于未确定具体的威胁情况，将根据残余风险降低风险，实际上只留下很少的选择：

a）接受——在发生碰撞事件的情况下，接受由此产生的后果及责任。

b）转移——通过向保险公司投保可能遭受的损失，并在发生碰撞时提出索赔。

7.4　轨道交通与危险

人类对太空的探索始于 1957 年 10 月 4 日，当时发射了一个与现代普拉提健身球差不多大小的球形物体，被命名为 "Sputnik"，此后发射了成千上万的空间物体，并在联合国外层空间事务办公室进行了登记[20]。预计到 2020 年年中，将有近 2 500 颗活跃卫星在轨运行。美国联邦通信委员会已经批准发射数千颗额外的卫星，空间竞争日益激烈，特别是在近地轨道上，这大大增加了碰撞的危险[21]。图 7-2 基于 2020 年 2 月欧洲空间局欧洲空间业务中心发布的数据，试图表达地球轨道的垃圾总量情况，预计超过 8 800 t。

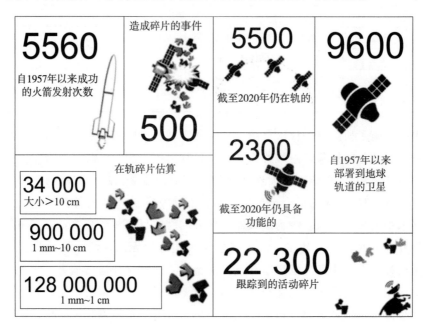

图 7-2　基于 2020 ESA 数据的空间碎片信息图 ["2020 年 2 月欧洲空间局公布的空间碎片数量" https：//www.esa.int/Safety_Security/Space_Debris/Space_debris_by_the_numbers（accessed March 17，2020）]

据目前估计，超过 50 万件太空垃圾以难以置信的速度环绕地球运行，速度可超过 2.8 万 km/h，其中大约两万件比一个棒球还大[22]。上述任一件碎片与功能良好的航天器相撞都可以轻易地损毁航天器，或者对于像国际空间站这样的大型航天器，至多造成相当大的损害。许多事件证明了这一点：

1）1996 年，法国的监视卫星 "Cerise"[23] 与一块编目的碎片相撞，这是 1986 年阿丽亚娜 1 号运载火箭第三级爆炸的残留物[24]。

2）2009 年，一颗功能完好的铱星通信卫星被一颗旧的俄罗斯卫星破坏，在此过程中，两个物体都被摧毁，产生了 500 多块碎片[25]。本案的一个有趣之处是，被摧毁的铱卫星被保存在轨道上以备不时之需的一个备件所取代[26]。

如前所述，当一颗卫星由于意外碰撞或者蓄意破坏而被摧毁时，会导致额外碎片，产生不利影响。空间碎片越多，带来的危险就越大，要么是直接引发碰撞，要么是间接使另一块碎片发生偏转，造成（尽管是无意的）正在工作的航天器功能丧失或者被摧毁。

根据 2016 年的一份预测报告，估计到 2025 年，还将有 9 000 颗卫星被送入轨道，其中大部分是近地轨道[27]。这一数字包括了拟议的巨型通信卫星星座初始运行阶段的数量，涵盖 Project Kuiper，One Web，O3b mPOWER 和 StarLink。功能性物体的显著增加，加上轨道上数千块未被追踪的太空垃圾，造成了严重的碰撞危险。

7.4.1　在轨碰撞危险

在大多数情况下，航天器的所有者的确可以进行规避操作以避免与可被追踪的体积较大的太空垃圾相撞。以 CryoSat-2 为例，它是欧洲空间局（ESA）在 700 km 的近地轨道上运营、主要用于监测地球上的冰雪覆盖情况的卫星。该卫星于 2018 年 7 月 2 日，在即将（1 h 之内）与一片碎片相撞之前，成功实现了重新定位[28]。但别忘了，还有许多（以百万计的）空间碎片由于体积小而无法追踪。一个高速运动的哪怕是非常小的粒子也会对大型航天器造成严重损害。2016 年，国际空间站上一个圆顶窗出现了直径 7 mm 的缺口，这仅仅是由一个油漆斑点引起的，据信该油漆斑点以接近 3.5 万 km/h 的速度飞行[29]。轨道物体之间的这种碰撞通常是以超高速撞击（HVI）的形式，其影响是深远的。根据 ESA 的定义，HVI[30] 被定义为相对速度超过 4 000 m/s，甚至是更高速度的空间物体之间的碰撞，如果航天器遇到流星体，碰撞的速度可以达到 20 000 m/s。在这种速度下，HVI 造成的影响将主要取决于"撞击者"（造成损害的物体）的大小以及撞击发生在目标上的位置。随后，损害可能呈现多种形式，例如：

1）一艘载人航天器被刺穿，危及乘员安全。

2）航天器被一次爆炸性碰撞摧毁，导致大量空间碎片的形成。

3）航天器功能受损，但轨道完好无损。

4）由于燃料或者其他控制机制的损失，航天器变得无法控制，本身就成为一个潜在的撞击者。

5）航天器的轨道受到不利影响，如果不加以纠正，可能会导致航天器无法控制而再次进入大气层，对地球造成损害。

据估计，在 ESA 每年执行的卫星群避撞操作中，有 50% 可以归因于航天器碎片造成的危害[31]。空间碎片对任何轨道上的航天器，尤其是近地轨道上的航天器，都构成了明确的危险。如果唐纳德·凯斯勒（Donald Kessler）在 1978 年假设的情况真的发生了，那么它可能会带来更具破坏性的局面。

7.4.2　凯斯勒效应

"凯斯勒效应"在 1978 年被提出，以其提出者的名字命名，指的是太空垃圾的存在可能会产生灾难性的连锁反应，使近地轨道上运行的卫星变成一群轨道碎片[32]。当时，美国国家航空航天局（NASA）的科学家凯斯勒提出了一个未来的设想，即近地轨道可能完全充满轨道"碎片云"。那么，这种情形是如何发生的呢？这个过程将由轨道上的两个物体相撞开始，这会产生一些碎片，这些碎片又反过来创造了更多的碰撞机会，因此，更多的碎片最终形成了永久性的"碎片碰撞瀑布"。这一过程最终将产生密度如此之大的碎片云，以至于在某个阶段可能会阻止新的工作卫星定位到更高的轨道上。由于航天产业已经成为现代社会经济体系中不可或缺的一部分，因此必须不惜一切代价防止这种情况的发生。航天产业在每年产值 5 万亿美元的农业和食品工业中发挥着重要作用，通过实现精准农业技术，航天产业确保了该行业在遭受日益严峻的资源短缺挑战时，尤其是水资源短缺时，仍然保持盈利能力和可持续性[33]。

7.5　在轨服务

在轨服务（OOS）一词被用来描述可以在轨道上创造更加有利于支持可持续利用空间环境的活动，这些活动涉及的范围广泛，包括但不限于加油、维修、预防性维护、技术升级，重要的是通过清理碎片使作业环境更加安全。

1981 年到 2011 年，由 NASA 运营的航天飞机[34]项目主要被设计为可重复使用的多功能运载工具，用于运载货物、发射太空物体，也可以作为在轨实验室。鲜为人知的也许是它在许多场合也被用作在轨服务。最著名的可能是应用了一种解决方案，以缓解哈勃太空望远镜的设计缺陷（在部署时发现），这是第一次在轨修复[35]。随后，航天飞机在服务任务中多次回访了哈勃望远镜，进行例行维修和保养以及技术升级。在航天飞机项目运营期间，因为挑战者号和哥伦比亚号的失事，共有 14 人丧生，也由此提醒了人们载人任务的危险性[36]。诸如人工智能（机器学习和深度学习）和传感器之类的机器人和辅助支持技术的进步为创造有效率的自主在轨服务提供了新的选择，相对于轨道服务，它更能支持载人任务。下一节将简要探讨在轨服务如何利用"绿色经济"（俗称"Four R's"[37]）（再思考、减少使用、重复利用和循环使用：rethink，reduce，reuse and recycle）的流行框架为可持续的空间经济提供支持。

7.5.1　再思考

在考虑任何行业的可持续性选择时，重新思考现状是合乎逻辑的出发点。如何以不同的方式来处理当前不可持续的过程，不仅解决当前产生的问题，而且通过创造未来可持续的环境来增加价值。再思考可以说是功能最强大的"R"，因为它往往会削弱对其他三个"R"的支持。那么如何将其应用到在轨服务中呢？

再思考"成熟"过程的最著名的例子之一或许是 SpaceX 采用可重复使用的发射系统。将卫星送入轨道包含极高的成本，研制发射系统就是成本开始的地方。在空间经济发展的过程中发射成本大多非常昂贵，直到 SpaceX 通过引进可重复使用的运载火箭才引入了一种更加可持续的发射方法。尽管从技术上来讲，航天飞机是利用可重复使用运载火箭的首次尝试，但成本却高得令人望而却步。用航天飞机将 1 kg 物体送入轨道，比当时的标准发射系统贵约 2.5 倍，而与今天的 SpaceX 猎鹰 9 号系统相比，则贵了近 20 倍，请参阅表 7 - 3。SpaceX 可重复使用计划的关注点在尽可能多地重复使用发射系统，该计划的成功激发了其他公司的争相效仿，包括 Blue Origin、Orbital ATK 和 United launch Alliance，这可能最终使发射变得更加经济实惠和可持续。

表 7 - 3　部署 1 kg 航天器的成本（Wendy Whitman Cobb，"SpaceX 如何降低成本和减少进入空间的障碍"，对话 2019 年 3 月 1 日）。https：//www. theconversation. com/how - spacex - lowered - costs - and - reduced - barriers - to - space - 112586（accessed March 29，2020）〕

将物资送入轨道	成本
1970 年至 2000 年的平均水平	18 500 美元/kg
航天飞机	54 500 美元/kg
猎鹰 9 号到达国际空间站	2 720 美元/kg

迄今为止，空间技术在发挥作用方面的另一个主要挑战是"任务方法"，它涉及一种用途明确、寿命有限的定制产品。它们的设计初衷并不是要在轨道上进行维修或者保养，本质上是一种一次性的理念。在反思这一做法时，需要改变卫星的设计结构，并用一种支持未来在轨服务的结构替代。一个理想的结构不仅要保证未来在轨航天器的维护、维修和升级，而且要保证新航天器在空间的完整建造。通过在空间中建造功能完整的物体，不仅可以将从地球上发射的成本限制在组件的供应过程中，而且可以消除因发射过程的局限对设计造成的任何限制。美国国防高级研究计划局（DARPA）的"凤凰"[38]项目探索了这一概念，尽管是使用名为"卫星细胞（Satlets）"的低成本模块来构造，但其也可用于在近地轨道上组装各种功能完整的卫星。

7.5.2　重复利用

重复利用，顾名思义，是指试图通过多次使用产品以达到最大限度地利用产品的目的。例如，只要液化石油气瓶仍然符合相关的安全标准，就可以多次加注。前面提到的可重复使用的发射系统是重复利用及其积极影响的典型案例，2020 年 3 月，SpaceX 使用猎鹰 9 号火箭进行了创纪录的第五次发射，实际证明了可以实现的目标[39]。降低发射物体进行在轨服务的成本，有助于实现可持续性，如下示例所示：

1）地球同步轨道上已经达到使用寿命的卫星可以通过加油来延长其寿命；国际空间

站一直定期接受燃料补给任务，以确保其持续运行。

2）重复利用的另一个子集是重新调整用途，即在其最初的使用寿命结束后，例如将一个已经报废的运输容器重新设计，为某人创造一个住所。在将来可能不再需要高延迟通信卫星的情况下，可以将其升级以便为不同目的服务，类似地，地球同步轨道上的退役通信卫星也可以重新用于协助清理空间碎片。NASA 进行的在轨服务任务，使哈勃太空望远镜在最初出现部分故障之后进行技术升级，恢复到功能完整的状态，这当然也可以被视为一种类别的重复利用。

7.5.3　减少使用

在减轻废物等不良物质的影响方面，地球上最著名的例子或许是努力减少温室气体以控制气候变化[40]。在空间中，减少空间碎片是一项高度优先事项，通过防止凯斯勒效应来确保可持续利用的空间经济，可以通过这些例子所描述的在轨服务来实现：

1）2019 年，ESA 宣布委托太空清洁公司（ClearSpace）[41]执行一项空间碎片移除示范任务（ClearSpace‑1），包括在 2025 年从近地轨道上移除 ESA 自己的 Vega 二级有效载荷适配器。

2）日本宇宙航空研究开发机构（JAXA）宣布了一项类似的计划，委托了 Astroscale 公司（一家碎片清理公司）移除日本运载火箭在轨道上的上面级[42]。

7.5.4　循环使用

将一个流程中的废品转化为对另一个流程有用的物品，例如将厨余垃圾制成堆肥用作肥料。这个循环通常包括废物的收集，并将它放置在一个集中的存储库中，例如垃圾中心，以便将垃圾分类；将任何有价值的材料回收利用，并将其从没有价值的材料中分离，这些没有价值的应通过焚烧将其销毁。建议使用类似途径的在轨服务，如以下示例所示：

1）诺斯罗普·格鲁门公司（Northrop Grumman）提出了一项类似于地球垃圾回收途径的空间碎片处理提议。该系统包括放置在轨回收系统，该系统不仅可以用来追踪太空垃圾，还可以回收任何有用的材料。废弃材料将在可能的情况下被回收，或者利用太阳能与聚光镜的结合简单地进行焚烧处理[43]。回收材料可以被熔化并且储存，投入空间制造业，建议该系统在一定程度上可以实现自我维护，即使用回收材料进行自我维护，例如通过熔化铝碎片重新修复镜面。

2）目前，地球同步轨道上大多数冗余的卫星都退役到"坟墓轨道"[44]——位于地球同步轨道上方几百千米的轨道上——这些卫星有可能被清理出有用的部件，例如光伏（太阳能电池）阵列和结构组件，这些部件又可用于建造诸如中转站或组装平台的新空间结构。

7.5.5　在轨服务

虽然在轨服务任务的预期目的可能不同，如碎片移除和燃料补充，但实现各自最终目标所包含的步骤则相当通用。它涉及采用一种先进特性的服务飞行器,适用的最新技术包括人工智能、智能普适传感器和带有专门可互换末端工具集的机器人手臂系统。这种飞行器必须能够成功抵近并与目标近距离交会、对接完成任务,随后使目标航天器重返服务状态,而不损害目标和服务航天器本身的完整性。在执行任务期间需要具备高度的自主能力,因为任何时间敏感的活动(如抓取目标飞行器)都存在延迟问题,所以无法从地球进行远程控制。

对计划中的 Restore - L[45] 在轨服务项目的简要分析可用来提供在轨服务任务的更多细节。Restore - L 是 NASA 的一个项目,其特点是一个机器人航天器将有能力为现有航天器补充燃料并提供服务。它将于 2022 年年底发射,计划与价值 5 亿美元的近地轨道卫星 Landsat 7 交会,以展示其能力[46]。在这次访问期间,服务卫星将对 Landsat 7 进行改装,以确保通过安装必要的设备并实施加油,使得未来的加油工作更加容易进行。预定程序中最具有挑战性的一个方面是,Landsat 7 在设计时并没有像现在大多数的在轨卫星一样,被设计为需要加油。由于目标卫星的设计被视为非常具有代表性,因此 Restore - L 被认为对未来在轨服务的发展非常重要。这项任务将使用包括地球遥操作和完全自主运行的程序组合。时间延迟问题导致的响应延迟可能使某些程序不适合从地球远程控制,因此需要完全自主控制,例如抓取程序。可以说,最重要的步骤将是航天器的初始抵近和抓取,因为两个航天器都将以非常高的速度飞行,由于时间滞后而造成的反应延迟很容易导致错误,造成两个航天器都遭受损害,因此需要完全自主操作。表 7 - 4 描述了目标转为可接受服务状态之前(即功能扩展服务)所预想流程中涉及的 7 个关键步骤。

表 7 - 4　拟议中的 2025 年为 Landsat 7 加油的在轨服务

步骤	描述
1	使用机械手臂解决"马曼"环和目标之间的连接问题;使用结构体将卫星连接到上面级,是大多数卫星的标准功能
2	使用专业工具穿透保护层形成一个切口,便于加注和排放
3	为了打开阀门,需要切断锁线,这是一项需要使用机械手臂和其他专业工具来进行的复杂操作
4	拧开阀盖
5	为燃油阀配备一个"快速断开"端口,这将使未来的加油过程变得更简单
6	为卫星加油——当 Landsat 卫星需要转移 15 kg 肼燃料时
7	用隔热毯把所有去除保护材料的区域修补好

通过使用不同的工具(但原则上遵循相同的步骤),可以很容易地将上述过程用于其他目的。可以想象,随着这一过程在实践中的发展,多功能航天器的出现将成为常态。

7.6　结论

这项工作试图研究在轨服务在降低《责任公约》项下责任方的潜在风险方面的作用。研究背景是近地轨道上迅速扩散的卫星以及呈现高水平增长的空间碎片,两者的靠近增加了碰撞的风险。在轨服务是一种新颖的解决方案，可以双管齐下地解决此问题。一方面移除碎片，另一方面延长现有卫星的使用寿命。在轨服务解决方案可以在解决最初问题的基础上，通过将碎片回收为未来在轨组装的原材料，增加其附加价值。因此，在轨服务具有难以置信的潜力，然而，尽管如此，仍有可能引起担忧。

　　为何会如此？有时候，为一个独特的问题引入一种新颖的解决方案本身就有可能产生一个更大的问题，尽管这是一个意想不到的问题，不幸的是，很容易找到这样的例子。澳大利亚的甘蔗蟾蜍问题就是一个这样的例子，最初是作为一种保护甘蔗免受虫害的新方法而引入的，但它本身很快就成为一个更大、更广泛的问题[47]。就像甘蔗蟾蜍的类比一样，必须注意引入在轨服务不会产生更严重的碎片问题，这也正是它旨在消除的问题。在轨服务涉及两个高速运行空间物体的相当危险的抵近过程，任何失误都将引发碰撞，从而导致碎片事件。预防它可能是一项非常艰巨的任务；一个建议是采用基本规则，类似于阿西莫夫的机器人定律。艾萨克·阿西莫夫（Isaac Asimov）在1942年的短篇小说《逃跑》[48]中描述了许多假想的"法则"，这些法则将支配机器人与人类主人的互动。也许应该包括一组类似的规则作为基础算法来管理独立于其任务的任何机器人在轨服务飞行器与其服务环境之间的关系，即永远不会通过故意采取行动或通过不采取行动产生空间碎片。尽管上述内容可能是简化解决复杂问题的一次非常基本的尝试，但这正是需要考虑的事情。尽管智能自主在轨服务飞行器实现穿越地球轨道以寻找碎片和进行维护运行可能还需要一段时间，但如果不积极地进行管理，其潜在的利益可能会被风险所抵消。

　　总之，需要承认的是，现代世界对空间技术的依赖远远超过人们普遍承认的程度，如果没有空间技术的有力支持，那么诸如第四次工业革命这样变革性的人类发展运动的势头就有可能会被大大削弱。对空间经济的打击是对全球社会经济系统的打击，空间碎片可能引发被称为凯斯勒效应的碰撞瀑布，因而可能造成毁灭性的打击。这种情况最好的后果是仅仅使得发射卫星的成本变得非常昂贵，更糟糕的则是使近地轨道成为一个无法使用的"禁区"，从而导致地球上系统性社会经济的崩溃。应当不惜一切代价避免这种情况。

◆ 作 者 简 介 ◆

　　克里斯托费尔（克里斯）·科策（Christoffel（Chris）Kotze）在经历了20年的成功职业生涯后，于2012年创立了一家高端技术战略咨询公司。这家公司专门为组织内部的数字化转型项目提供帮助，尤其关注利用技术资源支持可持续发展。他目前的研究兴趣包括空间技术、通过数字转型实现非物质化以及解决"数字鸿沟"问题。他获得的学历包括开普敦大学（空间科学）硕士、开普敦大学商学名誉学士（信息系统）、比勒陀利亚大学理学学士（生理学和微生物学）、南非大学数据计量（计算机科学）学历并参与了开普敦大学商学院一系列以战略为重点的行政管理课程，获得企业IT治理（CGEIT）ISACA认证和TOGAF 9认证（企业架构）。

参 考 文 献

［1］ Michael Sheetz，"The space industry will be worth nearly ＄3 trillion in 30 years，Bank of America predicts"，CNBC 31 October 2017. https：//www. cnbc. com/2017/10/31/the－space－industry－will－be－worth－nearly－3－trillion－in－30－years－bank－of－america－predicts. html（accessed February 27，2020）.

［2］ Kiona Smith，"India's Anti－Satellite Missile Test Left a Cloud of Debris and Tension in Its Wake"，Forbes 5 April 2019. https：//www. forbes. com/sites/kionasmith/2019/04/05/indias－anti－satellite－missile－test－left－a－cloud－of－debris－and－tension－in－its－wake/＃23eb81f78fd1（accessed March 29，2020）.

［3］ Sinéad O'Sullivan，"Understanding the Space Economy"，Harvard Business Review. 18 May 2019. https：//www. hbr. org/podcast/2019/05/understanding－the－space－economy（accessed March 28，2020）.

［4］ Jonathan O" Callaghan，"What is space junk and why is it a problem?" NHM 14 February 2019. https：//www. nhm. ac. uk/discover/what－is－space－junk－and－why－is－it－a－problem. html（accessed March 19，2020）.

［5］ UN，"Convention on International Liability for Damage Caused by Space Objects"，Vienna United Nations，1971.

［6］ Elizabeth Howell，"Two private satellites just docked in space in historic first for orbital servicing"，Space 27 February 2020. https：//www. space. com/private－satellites－docking－success－northrop－grumman－mev－1. html（accessed March 22，2020）.

［7］ Alexander Cohen，"Cosmos 954 and the international law of satellite accidents"，Yale J. Int' l L. 10 1984：78.

［8］ Steve Weintz，"Operation Morning Light：The Nuclear Satellite that Almost Decimated America"，National Interest 23 November 2015. https：//www. nationalinterest. org/feature/operation －morning－light－the－nuclear－satellite－almost－14411（accessed March 29，2020）.

［9］ "Settlement of Claim between Canada and the Union of Soviet Socialist Republics for Damage Caused by Cosmos 954" JAXA. 2 April 1998. https：//www. jaxa. jp/library/space＿law/chapter＿3/3－2－2－1＿e. html（accessed March 30，2020）.

［10］ Scott Kerr，"Liability for space debris collisions and the Kessler Syndrome"，Space Review December 2017. https：//www. thespacereview. com/article/3387/1（accessed March 31，2020）.

［11］ "Space Debris Mitigation Guidelines of the Committee on the Peaceful Uses of Outer Space"，as annexed to UN doc. A/62/20，Report of the COPUOS 2007.

［12］ " Hazard and Risk ". https：//www. ccohs. ca/oshanswers/hsprograms/hazard ＿ risk. html（accessed March 25，2020）.

［13］ Izzy Kalman，"Principle One：Road to Hell is Paved with Good Intentions"，Psychology Today 16

August 2010. https：//www. psychologytoday. com/za/blog/resilience – bullying/201008/principle –
one – road – hell – is – paved – good – intentions (accessed March 28，2020).

[14]　Kimberly Amadeo，"Subprime Mortgage Crisis，Its Timeline and Effect. " The Balance. 20
November 2019. https：//www. thebalance. com/subprime – mortgage – crisis – effect – and –
timeline – 3305745 (accessed March 17，2020) .

[15]　Vaughan Adam，"Deepwater Horizon spill may have been a third bigger than estimated",
NewScientist，12 February 2020. https：//www. newscientist. com/article/2233346 – deepwater –
horizon – spill – may – have – been – a – third – bigger – than – estimated/ (accessed March 17，2020).

[16]　Robert Kaplan and Anette Mikes，"Managing risks：a new framework"，2012，Harvard business
review 90，no. 6，pp 48 – 60.

[17]　"Introduction to Risk management" . https：//www. apm. org. uk/body – of – knowledge/delivery/
risk – management/ (accessed March 27，2020).

[18]　"Risk Appetite versus Risk Tolerance，What's the Difference?" FAIR Institute 1 May 2017.
https：//www. fairinstitute. org/blog/risk – appetite – vs. – risk – tolerance. – whats – the – difference
(accessed March 10，2020).

[19]　Melissa Horton，"Common Examples of Risk Management"，Investopedia. 20 December 2018.
https：//www. investopedia. com/ask/answers/050715/what – are – some – examples – risk –
management – techniques. asp (accessed March 14，2020).

[20]　UN on – orbit servicing，Online Index of Objects Launched into Outer Space. https：//
www. unoosa. org/oosa/osoindex/search – ng. jspx? lf _ id＝ (accessed March 27，2020) .

[21]　Caleb Henry，"SpaceX submits paperwork for 30，000 more Starlink satellites"，SpaceNews 15
October 2019. https：//www. spacenews. com/spacex – submits – paperwork – for – 30000 – more –
starlink – satellites/ (accessed March 27，2020).

[22]　Mark Garcia，"Space Debris and Human Spacecraft"，NASA 27 September 2013. https：//www.
nasa. gov/mission _ pages/station/news/orbital _ debris. html (accessed March 29，2020).

[23]　Mark Ward，"Satellite injured in space wreck" New Scientist 24 August 1996. https：//
www. newscientist. com/article/mg15120440 – 400 – satellite – injured – in – space – wreck/ (accessed
March 31，2020).

[24]　Spaceref. Accidental Collisions of Cataloged Satellites Identified. 16 April 2005. https：//
www. spaceref. com/news/viewsr. html? pid＝16201 (accessed April 15，2020).

[25]　Andrew Moseman，"U. S.，Russian Satellites Crash 400 Miles over Siberia"，Popular Mechanics 18
December 2009. https：//www. popularmechanics. com/space/satellites/a4190/4303472/ (accessed
March 29，2020).

[26]　Ian O' Neill，"Orbital Spares：Iridium Already Replaced Destroyed Satellite"，Universe Today 14
February 2009. https：//www. universetoday. com/25447/orbital – spares – iridium – already –
replaced – destroyed – satellite/ (accessed March 29，2020).

[27]　"Satellites to be Built & Launched by 2025 Report—Analysis，Technologies & Forecasts—Market
Worth USD 250 Billion by 2025"，Business Wire 20 September 2016. https：//www.
businesswire. com/news/home/20160920005880/en/Satellites – Built – Launched – 2025 – Report –––
Analysis (accessed March 30，2020).

[28]　Alexandra Witze, "The quest to conquer Earth's space junk problem", Nature 5 September 2018. https：//www. nature. com/articles/d41586 – 018 – 06170 – 1 (accessed March 16, 2020).

[29]　Ellie Zolfagharifard, "What happens when a tiny fleck of paint hits the space station：Tim Peake reveals crack in ISS window after debris collides with craft". https：//www. dailymail. co. uk/sciencetech/article – 3587882/What – happens – tiny – fleck – paint – hits – space – station – Tim – Peake – reveals – crack – ISS – window – debris – collides – craft. html (accessed March 16, 2020).

[30]　"What are hypervelocity impacts?". https：//www. esa. int/Enabling ＿ Support/Operations/What ＿ are ＿ hypervelocity ＿ impacts (accessed March 17, 2020).

[31]　Kiona Smith, "India's Anti – Satellite Missile Test Left a Cloud of Debris and Tension in Its Wake", Forbes 5 April 2019. https：//www. forbes. com/sites/kionasmith/2019/04/05/indias – anti – satellite – missile – test – left – a – cloud – of – debris – and – tension – in – its – wake/＃23eb81f78fd1 (accessed March 29, 2020).

[32]　Michelle LaVone, "The Kessler Syndrome：10 Interesting and Disturbing Facts", Space Safety Magazine 17 May 2009. https：//www. spacesafetymagazine. com/space – debris/kessler – syndrome/ (accessed March 29, 2020).

[33]　"How Space Data is Enabling the Agritech Sector". https：//www. business. esa. int/news/how – space – data – enabling – agritech – sector (accessed March 25, 2020).

[34]　Sarah Loff, "The Space Shuttle Era", NASA 4 August 2017. https：//www. nasa. gov/mission ＿ pages/shuttle/flyout/index. html (accessed March 29, 2020).

[35]　Rob Garner, "About—Hubble Servicing Missions", NASA 7 February 2020. https：//www. nasa. gov/mission ＿ pages/hubble/servicing/index. html (accessed March 31, 2020).

[36]　Carol Pinchefsky, "5 Horrifying Facts You Didn't Know About the Space Shuttle", Forbes 18 April 2012. https：//www. forbes. com/sites/carolpinchefsky/2012/04/18/5 – horrifying – facts – you – didnt – know – about – the – space – shuttle/＃35cf3652f9d4 (accessed March 14, 2020).

[37]　Tim Laseter, Anton Ovchinnikov, and Gal Raz, "Reduce, Reuse, Recycle … or Rethink", Strategy Business 23 November 2010. https：//www. strategy – business. com/article/10406? gko ＝ fd9f7 (accessed March 28, 2020).

[38]　Todd Master, "DARPA Phoenix". https：//www. darpa. mil/program/phoenix (accessed March 31, 2020) .

[39]　Loren Grush, "SpaceX successfully launches the same rocket for the fifth time but doesn't stick the landing", The Verge 18 March 2020. https：//www. theverge. com/2020/3/17/21183334/spacex – falcon – 9 – rocket – starlink – launch – 5th – time (accessed April 1, 2020).

[40]　"Climate Change Indicators：Greenhouse Gases", EPA 22 February 2017. https：//www. epa. gov/climate – indicators/greenhouse – gases (accessed March 31, 2020).

[41]　Szondy, David, "World – first space debris removal mission to launch in 2025", New Atlas 9 December 2019. https：//www. newatlas. com/space/world – first – space – debris – removal – mission – to – launch – in – 2025/ (accessed March 19, 2020).

[42]　Darrell Etherington, "Orbital debris start – up Astroscale chosen by JAXA for its first space junk removal mission". https：//www. techcrunch. com/2020/02/12/orbital – debris – startup – astroscale – chosen – by – jaxa – for – its – first – space – junk – removal – mission/ (accessed April 1,

2020).

[43]　Brooks McKinney, "How to Recycle Space Junk and Reduce Launch Costs" 25 March 2019. https：//now. northropgrumman. com/recycle – space – junk – reduce – launch – costs (accessed April 1, 2020).

[44]　"Graveyard Orbits and the Satellite Afterlife", NOAA 31 October 2016. https：//www. nesdis. noaa. gov/content/graveyard – orbits – and – satellite – afterlife (accessed March 31, 2020).

[45]　Jeffrey Hill, "Maxar to Ship NASA" s Restore – L Spacecraft in 2020", Satellite TODAY 8 April 2019, https：//www. satellitetoday. com/innovation/2019/04/08/maxar – to – ship – nasas – restore – l – spacecraft – in – 2020/ (accessed March 31, 2020).

[46]　Evan Ackerman, "How NASA Will Grapple and Refuel a Satellite in Low Earth Orbit" IEEE 2 October 2019. https：//www. spectrum. ieee. org/tech – talk/aerospace/satellites/how – nasa – will – grapple – and – refuel – a – satellite – in – low – earth – orbit (accessed March 12, 2020).

[47]　Tina Butler, "Cane toads increasingly a problem in Australia", 17 April 2005. https：// news. mongabay. com/2005/04/cane – toads – increasingly – a – problem – in – australia（accessed April 5, 2020).

[48]　Isaac Asimov, "Runaround" Astounding Science Fiction (1942), 19 (291), pp 94 – 103.

第 8 章　从法律和政策角度审视在轨服务

摘　要　随着私营主体在外空中取得的经济成就不断攀升，外层空间可持续性利用问题正日益紧迫。虽然空间碎片减缓和外空活动可持续性问题已经存在很长时间，但是因为经济逐利往往大于对环境考量，所以一直缺乏真正的动力来促使私营主体参与其中。随着越来越多的卫星发射，在轨服务任务能够为开展外空活动提供一种更加可持续的方式。过去的任务已经表明，实施在轨服务任务在技术上是可行的。作者认为，建立公私合营关系是推动在轨服务获得成功的举措。国家应当启动这种伙伴关系，以此鼓励私营主体对他们在外空开展的活动承担责任和义务。

8.1　引言

由于过去几年涌现了许多从事空间活动的私营实体，所以当前被称为"新航天（NewSpace）"时代，这得益于 SpaceX，Blue Origin 和 OneWeb 的项目宣传。例如，SpaceX 在 2019 年经常因其新的 Starlink 项目登上头条。该项目旨在打造一个（尤其是）覆盖偏远地区的全球卫星网络，用于提供稳定的和经济的宽带互联网服务。2019 年 5 月 23 日，它第一次发射了 60 颗星链卫星[1]。紧接着分别于 2019 年 11 月 11 日、2020 年 1 月 6 日、29 日和 2020 年 2 月 17 日实施了发射。按照 SpaceX 的初步计划，每次发射都是一组 60 颗星链卫星，在轨卫星总数应该达到 12 000 颗。一个类似的例子可以在 OneWeb 中找到，该公司的任务是发射多达 900 颗卫星，在全球范围内提供互联网服务。

当人们意识到到目前为止约有 9 000 个空间物体被登记在册时，不禁对这个数字感到惊愕。联合国外层空间事务办公室（以下简称 UNOOSA）保存着登记了已经发射的空间物体的名册。根据其数字，在发射进入轨道的所有卫星（以及探测器、着陆器、载人航天器和空间站飞行部件）中有 88% 以上已经在 UNOOSA 登记。目前，该登记表上大约有 9 000 个空间物体[2]。结合欧洲空间局（以下简称 ESA）提供的数字，可以得出这样的结论：空间越来越拥挤。根据这些数据，自航天时代伊始，已经完成了约 5 560 次火箭发射。这还不包括发射失败的统计数据。在这 5 560 次火箭发射中，总共向空间发射了约 9 600 颗卫星。在这 9 600 颗卫星中，约有 5 600 颗仍然在轨道上运行[3]。此外，年度预测表明，未来几年发射数量的增加趋势不会变缓[4]。对未来几年的预测是，2020 年将发射多达 330 颗的小型卫星。在 2021 年至 2023 年间，预计将有近 1 400 颗小卫星发射升空。对比当下，这个数字是目前在轨卫星数量的 25%。

卫星发射数量的增加和航天产业中私营主体的崛起，提出了外空可持续性利用、交通管理以及物体和碎片减缓的问题。私营主体与卫星发射数量的增加之间有着内在的联系，其主要受到经济的刺激。因为发射的投资回报率很高，所以似乎没有动机来"清理"空间。在轨服务任务可以显著延长卫星的使用寿命，所以对相关各方来说有利可图。与建造和发射一颗全新的卫星相比，让卫星在轨运行更长的时间可能更具有成本效益。

在国际法律框架中可以找到一个可能导致激励不足的原因，即在可持续性利用外空方面私营主体没有严格的义务。因为《外空条约》的法律框架是在空间探索的早期阶段建立的，所以在起草条约时并未考虑技术发展。《外空条约》和其他空间条约提供了一个强有力的法律框架，但常常无法应对过去十年来航天产业特有的技术发展和挑战。应对新（技术）挑战的解决办法是采用诸如指南之类的软法，或者是各国与其他国家或私营主体签订双边协定。

8.1.1　外层空间活动的可持续性与当前法律、政策倡议

在可持续利用外层空间有关的软法方面，机构间空间碎片协调委员会（以下简称IADC）制定了空间碎片减缓指南。因为这些指南是不具有法律约束力的文书，并非成文法，因此可以被称作"软法"[5]。它们本身并不构成法律规范，但是在国际外空条约的现行框架下是重要的文书。从国际法的角度来看，如果足够多的国家和私营主体都适应和遵守这些指南，那么有可能会在某种程度上将其转换成具有法律约束力的规则。这些指南构成和平利用外空委员会通过的《空间碎片减缓指南》的基础。关于指南的适用，规定了：

成员国和国际组织应该通过国家机制或者组织自身的适用机制自愿采取措施，以确保尽可能地利用空间碎片减缓的实践和程序来贯彻执行这些指南。这些指南适用于规划的任务和新设计的航天器的运行以及在轨阶段，如果可能的话，也适用于现有航天器。根据国际法，指南不具备法律约束力[6]。

尽管这些指南不具备法律约束力，但是如果成员国和国际组织一致适用这些指南，最终可能会形成一种共同的、被普遍接受的做法。

指南的采用能够表明，可持续性利用外层空间的议题已经列入联合国的议程好几年了。2010 年，在联合国外空委科学和技术小组委员会中成立了外空活动长期可持续性工作组[7]。基于确保外空安全和可持续利用的重要性，大会提出应当成立一个工作小组"为编写外空活动的长期可持续性能力的报告、审查加强此类活动长期可持续性的措施，以及编写最佳实践指南提供支持"[8]。工作组的部分工作旨在处理诸如可持续性利用外空、空间作战和参与外空活动的各方的监管制度等主题。

制定和通过指南对于鼓励私营主体参与可持续性利用外空活动以及更具体的在轨服务任务至关重要。

8.1.2　在轨服务

在过去几年里，在轨服务任务受到了越来越多的关注。实际上，人类从事这项活动已经有几十年了，譬如执行载人飞行任务对轨道上的空间物体进行维修。在轨（卫星）

服务的概念涵盖了许多可能的活动，意味着它可以修理已经在轨的卫星、给卫星加注、开展保养操作、实施机动操作将卫星置于不同轨道、组装卫星等。它要求在轨卫星和用于在轨服务任务的运载工具进行协作与交互。在轨服务的概念旨在以任何方式延长卫星寿命，所以它与外空的可持续性利用密切相关。在外空可持续性利用方面，它可以提供解决外空拥挤问题的方案。但是，由于在轨服务任务几乎总是涉及近距离飞行，所以也提出了损害赔偿责任的问题。这些近距离飞行任务往往是危险活动，需要处理许多可能引发的风险。

人们经常提到的第一个在轨服务任务是美国国家航空航天局（以下简称 NASA）的天空实验室（Skylab）项目。Skylab 是 NASA 的首个空间站，也因为它的航天员在空间站执行了维修任务，才成为空间在轨维修的首个例子[9]。从 1973 年 5 月 14 日发射，到 1974 年 2 月 8 日最后一批航天员返回，三批不同的航天员在空间站的工作都取得了成功[10]。另一个引人注目的例子是哈勃望远镜，它是在轨道上被维修的[11]。哈勃望远镜的首次维修任务 STS - 61 发生于 1993 年。那时哈勃才发射三年[12]。维修任务包括航天员进行的五次舱外活动，在此期间他们开展了更换组件活动，更换了太阳能电池板、广域/行星照相机，并安装了磁感应系统的改装装置[13]。

这些载人飞行任务自从进入近地轨道以来，还开展了其他在轨维修任务。这些任务之所以有利可图，是因为其有可能明显延长在轨卫星的使命寿命。最近，进行了一项在轨服务任务，将卫星的寿命延长了 5 年。更有趣的是，它发生在地球静止轨道上，而且是一个机器人任务。这次任务发生于 2020 年 2 月，诺斯罗普·格鲁门公司和 SpaceLogistics LLC 公司（诺斯罗普·格鲁门公司的子公司）成功地将一个飞行器与一颗国际通信卫星组织的卫星对接[14]。这次任务的目的是延长 Intelsat 901 号卫星的寿命，该卫星于 2001 年从库鲁航天发射中心发射，美国为其登记国[15]。对接到 Intelsat 901 号卫星上的空间物体是任务延寿飞行器 1 号（以下简称为 MEV - 1）。在已计划的返回服务之前，MEV - 1 将在 Intelsat 901 号卫星上提供在轨服务。根据国际通信卫星组织与诺斯罗普·格鲁门公司之间的合同条款约定，MEV - 1 将提供五年的在轨服务，从而延长卫星的使用寿命[16]。

平均而言，对地同步轨道卫星的寿命大约为 10 至 15 年。考虑到最近成功的在轨服务任务，卫星的使用寿命可能会再延长 5 年。就延长现有卫星的使用寿命而不是发射新的卫星而言，这种在轨服务任务可能会是一种有趣的发展方向。支持新的在轨服务任务也可以在一定程度上抵消卫星发射数量增长的势头，或者至少在空间交通管理方面提供了一个更加有效的外空利用方式。

8.2　监管与法律框架

在轨服务任务也伴随着监管与法律方面的挑战。不仅需要考虑到包括联合国各项空间条约在内的国际法律框架，而且需要考虑到国际电信联盟无线电条例，另外，经营者之间往往也有现存有效的协议，这可能是一个复杂因素。因为一颗卫星可能牵涉到几方当事人或者与之相关，所以很难弄清一项在轨服务任务的条件。一颗卫星可能涉及的当事人包括发射国、登记国、运营商和所有者。哪些规则适用于这些不同的实体？

8.2.1　发射国

发射国一词是将责任强加给受益于发射的国家的关键[17]。《外空条约》[18]第七条使用了这一术语，该条提到发射或者促使将物体发射到外空的国家的国际责任。这些国家对《外空条约》的另一缔约国或者其自然人或者其法人在地球上、大气空间中或者外层空间中受到该国空间物体或者其组成部分的伤害而承担国际责任。在《责任公约》中进一步阐述了国家的责任[19]。按照《责任公约》第一条的规定，发射国指发射或者促使空间物体发射的国家，或者指从其领土上或者设施中发射了空间物体的国家。总而言之，可以将四类国家划分为发射国：发射空间物体的国家、促使发射空间物体的国家、从其领土上发射空间物体的国家和从其设施中发射空间物体的国家。这四个国家中的任何一个都有可能被遭受损害的国家追究责任[20]。

根据《责任公约》，损害可以分为对地球表面或者飞行中的航空器造成的损害（《责任公约》第二条）和对地球表面以外的其他地方造成的损害（《责任公约》第三条）。如果对地球表面或者飞行中的航空器造成损害，发射国应当承担绝对赔偿责任，而如果在其他地方造成损害，则适用过失赔偿责任原则。正如《科隆空间法评注》所分析的那样，过失一般被视为"未能遵守或者违反法律规定的义务"[21]。由于过失的概念在国际法中并不常见，而且《责任公约》也没有具体规定过失的要件，因此在实践中很难确定[22]。

关于在轨服务任务，适用《责任公约》第三条。在空间造成的损害属于"一个发射国的空间物体在地球表面以外的其他地方对另一个发射国的空间物体造成损害"的范围。因此，如果在在轨服务任务期间由于发射国的过失或者其责任人的过失造成损害，则会引发发射国的赔偿责任。除了确定哪个国家是发射国（或者如果涉及多个国家，则是哪个发射国）以外，还必须确定损害是由有关国家的过失还是由有关国家所要负责的人员的过失造成的。这将是困难的，因为操作是在轨道上进行的。从这个意义上来讲，对于在轨服务任务中涉及的各方（包括发射国）而言，明确界定空间物体造成损害时的赔偿责任问题将是合乎逻辑的一步。这不仅适用于与在轨空间物体有关的发射国，而且适用于执行在轨服务任务的空间物体的发射国。

8.2.2　登记国

《登记公约》规定了空间物体的登记条件[23]。根据《登记公约》第一条，登记国是在其登记册上记载空间物体的发射国。第二条具体规定了登记条件：当空间物体被发射到地球轨道或者地球轨道以外的地方时，发射国应当通过在适当的登记册登记的方式对该空间物体予以登记[24]。如果有两个或者多个发射国，则必须在这些国家中确定一个国家来登记空间物体。

因为登记国始终是发射国（之一），所以其责任会通过《责任公约》来规制。

8.2.3　空间物体所有者

发射国通常与空间物体的所有者无关。这是因为在空间物体发射之前，即在地面上时，所有权就已经确定了。由于在发射空间物体之前需要有一些协议，因此这是必要的。举例来说，发射服务协议规定了发射公司和客户之间关于空间物体发射的条款[25]。这些协议涉及提供发射服务的义务，包括发射时间安排、替代发射、免除责任等条款。所有这一切都在私法领域中受到管制，因此，发射国在该协议中没有发挥任何作用。但是，空间物体的所有者可以在在轨服务任务中发挥作用。

《外空条约》是针对条约缔约国的。当涉及私营主体在外空的活动时，国家应当承担国际责任。《外空条约》第六条对此作了规定：

> 各缔约国应该对国家在外空中的活动，包括在月球和其他天体上的活动承担国际责任，不论这些活动是由政府机构还是由非政府实体进行的，并且确保国家的活动符合本条约的规定。

但是，《外空条约》第八条的确提及空间物体的所有权问题。它既可以是私营所有，也可以是国家所有[26]：

> 发射到外空的物体，包括降落在或者建造在天体上的物体及其组成部分的所有权不受其在外空或者天体上存在或者返回地球的影响。

本条款的目的不在于设立所有权。第八条规定，在地球上建造的空间物体被发射到外空时，其所有权不变[27]。这还意味着，所有权的变更（例如，一个私营实体将其卫星出售给另一个私营实体）不会对有关发射国的赔偿责任造成影响。由此产生了国家空间法中允许将所有权从一个实体转移到另一个实体的条款。就在轨服务任务而言，发射国负有赔偿责任（如果造成的损失是由于发射国的过失或者国家应该为其负责的人的过失造成的，如第 8.2.1 节所述）。然而，在开始一项在轨服务任务时，作为卫星所有者的实体也必须同意具体任务。在本章的第 8.1.2 节中提到了一个例子，两个实体就在轨服务任务达成了协议。最近完成了卫星与飞行器的首次对接。在这种情形下，任务的参与者受到了限制。在政府资助的公私合营项目方面，情况可能会有所不同。在这种情况下，就需要事先与空间物体的所有者进行明确的安排。

在这一链条上的另一个私营参与者，即空间物体的运营商，也是如此。有可能一颗卫星是由国家 A 发射的，私营实体 B 所有的，私营实体 C 运营的。这一链条上涉及的私营当事人将签署免责合同，其中约定了防止有害干扰和防止损害其他空间物体的条款。关于干扰问题，国际电信联盟的《无线电规则》对频率的指配和防止有害干扰的义务做出了规定[28]。由于空间物体的经营者也是与在轨服务任务有关的参与者，因此也应当考虑到国际电联的《无线电规则》。例如，如果在轨服务任务未按计划进行，则有可能给空间物体的所有者和运营商造成（财务）损失。因此，参与空间活动的这一系列的私营主体也应该成为在轨服务任务协议中规定内容的一部分。

8.3　公私合营

为了使在轨服务任务从投资和金融的角度上更能吸引私营主体的注意，参与其中的国家或者政府机构可以提供一个有趣的解决方案。正如第8.2节中详细阐述的那样，当前的法律框架正面临着挑战，因为在轨服务任务涉及多个参与者。由于联合国《外空条约》并未专门处理这一问题，因此很难将义务强加给空间中的私营主体。因此，应该由国家来采取激励措施，因为国家既可以通过指南（如第8.1.1节所述），也可以通过调整其空间政策来促进特定行为。

私营主体已经拥有了可以在空间开展更加可持续性项目的技术和财政手段，例如在轨服务任务。但是，为了使在轨服务更加具有吸引力，仍然需要国家的努力，尤其是在法律和政策措施方面。

开始创造一种不同的方法来利用外层空间并进行在轨服务任务（因此，延长卫星的使用寿命而不是发射新的卫星）的现状，可以成为公私合营关系的开始。国家或者政府机构应当发起这些合营关系，从而激励私营行为者对其在外空进行的活动尽到职责和承担后果。

8.3.1　公私合营类型

公私合营通常指公共部门和私营主体在特定项目上的合作（伙伴关系）。公私合营形式通常应用于运输或者建筑部门，但也适用于外空活动。公私合营通常具有共担风险、共享资金和建立长期合作关系的特征。欧洲空间政策研究所（European Space Policy Institute，ESPI）在关于空间机构作用演变的报告中，根据对这些合营关系实践情况的研究，将公私合营的四个共同特征划分为："公私合营之间的长期伙伴关系、资金来自公共和私营主体、私营实体发挥着重要的决策作用、风险从公共部门转移到私营主体。"[29]

这种伙伴关系对双方都有好处。公私伙伴关系对于公共实体而言是有益的，因为私营实体可以提供创新的技术构想，并可以贡献更多的财政来源。在公私合营的背景下，那些对于政府来说因为昂贵价格而无法充分参与的项目或者整个市场，可能变得更加有吸引力。在风险方面也是如此，因为在合营关系中风险是由公共部门和私营主体共同承担的。这肯定对公共部门有利，因为私营主体具有最丰富的技术知识，并且最能够分析出与技术活动相关的潜在风险[30]。对于私营实体来说，它们可以进入以前不（容易）进入的特定市场。与公共部门的合营关系也可以为其提供财务保障（例如，在到达里程碑时和为到达里程碑的过程中收到的报酬）。公私合营中的私营实体也受到相关鼓励，例如，优化设计和建造方法[31]。公共实体专注于公私合营的目标，给予私营实体执行部分合营事务的自由。在设计阶段，大量的自主权力被赋予私营实体。它可以自由地设计项目的技术板块，因为它是对此主题最了解的一方。如上所述，项目的持续可以给私营实体一方提供（财务上的）安全保障。但是，公私合营的持续时间也可能是对私营实体的一项限制。由于公私合营往往是长期协议，因此在某些项目中，这也可以被认为是对私营方的限制。尤其是在风险分配方面，因为在公私合营关系中，风险的负担往往对于私营主体而言更加沉重。

由于公私合营对双方都有好处，也有其局限性，所以必须对如何执行合营事务制定明确的"规则"。因为空间活动具有危险性，所以在空间活动中的公私合营更是如此。因此，正如在第 8.2.1 节中所讨论的关于责任风险分配那样，需要尽可能清楚地评估合营中涉及的风险。这涵盖了从研究和开发阶段一直到在轨阶段（以及之后，例如在离轨空间物体方面）的风险，因为通常会有许多内部和外部因素影响到空间项目。从这个意义上来说，可能会涉及更多的参与者，这会使得在条款上达成一致变得愈发困难。

8.3.2 空间领域公私合营

在外层空间中，公私合营的概念和使用并不新鲜。虽然空间活动历来只是国家的特权（以政府实体的形式），但在空间竞赛开始后的几十年内，私营实体进入了航天市场。起初，只有国家才拥有进入空间活动的财政和技术资源。当然，这主要是由于美国和俄罗斯联邦之间的空间竞赛。随着技术的进步，越来越多的私营实体也能够进入航天市场。由于各国需要更多的资金来开展空间活动，私营实体才得以进入市场，更重要的是，这些私营实体进入市场的吸引力也更大[32]。

源于众多私营实体开展空间活动的浪潮兴起，过去几年被标记为"新航天"时代。与早期的空间探索相比，由私营实体进行的活动确实激增。但是，私营实体参与空间活动其实已经有一段时间了。因此，与空间活动相关的公私合营也已经存在相当长一段时间了。

经常提到的一个例子是 TerraSAR - X 任务，这是德国宇航中心（以下简称 DLR）和阿斯特里姆股份有限公司（以下简称 EADS Astrium）之间的一次合作[33]。2002 年，EADS Astrium 基于与 DLR 的公私合营关系获得了一份合同。公私合营关系的构建如下所述。它是以 DLR 和 EADS Astrium 的联合投资为基础[34]；EADS Astrium，或者实际上是其公司 Infoterra，被赋予了来自 TerraSAR - X 遥感卫星的数据的独家商业开发权。但是，该卫星归 DLR 所有，并且 DLR 仍然保留该卫星的运营权。这同样适用于科学数据权，它们仍然保留在 DLR 手中[35]。这颗卫星于 2007 年 6 月 15 日发射[36]，德国被登记为发射国[37]。

在外空项目中成功开展公私合营的另一个例子是欧洲数据中继卫星系统（以下简称"EDRS"），该系统的历史至少可以追溯到 2010 年，当时欧洲空间局发布了招标书。它是 ESA ARTES 计划的一部分，该计划致力于为卫星通信行业提供开展创新活动的环境，并将其引入商业市场[38]。ARTES（Advanced Research in Telecommunications Systems）是在 ESA 计划的支持下，为一些项目而设立的，在这些项目中，行业可以使用新的和创新的技术，也可以承担更大的风险。此外，ESA 将 ARTES 项目描述为"以最小的成本和风险为欧洲纳税人提供最大的收益"[39]，这对于一个欧洲的航天机构来说无疑是重要的。EDRS 项目是 ESA 和空客防务与航天公司[40]的合作项目，是公私合营的形式。它的目的是在近地轨道卫星、地球同步轨道卫星和地球之间传送数据[41]。建立公私合营的主要原因是实现一个具有成本效益的方案，并尽量减少欧洲空间局方面的投资和业务费用。这就是为什么空客防务与航天公司作为主要承建商，建造和运营该系统的基础设施。它也是这个系统的所有者。ESA 资助该任务的研究和开发部分[42]。第一颗有效载荷（EDRS‐A）和卫星（EDRS‐C）分别于 2015 年和 2019 年发射。

公私合营的第三个例子可能更能吸引人们的想象力，它是国际空间站（以下简称 ISS）上的国家实验室。与前两个例子不同的是，这是一项非欧洲倡议，因为国际空间站中的美国部分被指定为美国国家实验室。这项指定是通过 2005 年《美国国家航空航天局授权法案》（以下简称《NASA 授权法》）颁布的。《NASA 授权法》其中一个别名是《商业化计划》，其中应该确定私营主体参与未来任务和活动的机会[43]。这包括 NASA 与私营主体合营开展研究、开发技术和服务方面的机会[44]。有趣的是，关于该商业化的这一节还解决了为发展和资助行业合作以进行商业研究和技术开发的规定需要，以特别促进美国的经济利益。如前所述，《NASA 授权法》指定 ISS 的美国部分为美国国家实验室。将国际空间站的一部分指定为国家实验室，是出于高经济效益地利用国际空间站的考虑。通过公私合营，其他联邦（美国）实体和私营主体越来越多地使用 ISS，最终补充了 NASA 对 ISS 的资助。

与 ESA 的 ARTES 计划目标相似，国家实验室寻求为私营主体的创新研究和开发项目打开许多可能性，如其网站所述："这项研究服务于商业和创业需要以及其他重要目标，比如追求新的知识和教育"[45]。自 2011 年 ISS 建成以来，国家实验室被用于 200 多个项目，这证明了 NASA 与几个私营实体之间的公私合营取得了成功。最近，NASA 还发布了一篇关于开放国际空间站以获取其他商业机会的新闻稿[46]。

本段中提到的三个例子只是在外空领域已经建立的公私合营的一部分。这些例子表明，在从事高危活动的外空领域，若干因素在决定是否进行这些活动方面起着重要作用。对于公共和私营实体来说，这些因素包括风险的分配或者共担、财政来源、技术能力和监管边界。在这些因素上，ARTES/EDRS 计划和《NASA 授权法》均规定得很清楚，例如，EDRS 任务的细节明确提到，目标是实现一个具有成本效益的计划，旨在尽量减少ESA 方面的投资和运营成本。在《NASA 授权法》中可以找到类似的目标，其中提到了寻找合作伙伴以补充 NASA 对 ISS 资助的目标。这也不足为奇，因为在外空进行的活动（以及在进入外空之前，在发射前和发射阶段）费用昂贵，而且政府资金（往往）会遭遇预算的削减。出于外空活动带来的技术和财务风险，公私合营的理念对双方都有利。公私合营如何同样加速在轨服务任务的发展，我们在下一节讨论。

8.4 公私合营关系与在轨服务

在第 8.1 节中我们讨论了卫星发射的激增以及对外空可持续性利用的呼吁。虽然发射量的增加主要与近地轨道上的小型卫星市场有关，但与可持续利用外空有关的问题并不限于这一轨道。对于地球同步轨道上的卫星而言，在轨服务的理念因为可能会将卫星的寿命延长很多年而非常有利可图。这可以抵消卫星发射的增加。问题是为什么没有进行更多的在轨服务任务。经济激励似乎对私营实体一方起着很大作用。此外，监管和法律方面的困难也可能使得私营实体参与在轨服务任务的兴趣降低。这是政府可以发挥有意思作用的地方。在轨任务已经出现，但要使在轨任务成为一项服务，公共实体应该发挥重要的推动作用。

8.4.1　在轨服务任务中为何要采用公私合营？

正如第 8.3 节所阐述的那样，公私合营的特点在于分担风险、共享资金和建立长期合作关系。私营实体所扮演的重要决策角色往往也是公私合营的一部分。到目前为止，我们所看到的是，在外空的私营主体主要是由经济动机驱使的。一般来说，在相对较短的时间内会获得较高的投资回报。如果延长在轨卫星的使用寿命看起来对私营主体没有什么益处的话，他们可能就不会感兴趣了。从这个意义上说，因为公共实体有能力调整其政策并启动公私合营，所以应当成为鼓励在轨服务任务的催化剂。在接下来的段落中，公私合营的具体特征将放到在轨服务任务中进行分析。

（1）资金

对于国家或者政府机构（以下也称为公共实体）来说，公私合营可能是有益的，因为私营实体可以贡献更多的财政资源。政府资金（通常）会受到预算削减的影响。对于政府因为昂贵价格而无法充分参与的项目或者整个市场，在公私合营的背景下可能更具有吸引力。这同样适用于在轨服务任务。由于在轨服务任务包含高风险，所以这类任务也可能是昂贵的。这一点也可以从第 8.3.2 节的例子中看到，在该节中，ESA 和 NASA 都明确了其在公私合营中的财务板块。这样的安排旨在实现一个具有成本效益的计划，并尽量减少公共实体的投资和运营成本。通过建立公私合营项目以执行在轨服务任务，费用负担可以由各方分摊，这将有利于公共实体。

作为回报，参与在轨服务公私合营有利于私营实体，因为它也提供了财务保障。除了需要进行的投资之外，与公共实体的伙伴关系，例如为特定卫星提供维护服务，一般为期数年。如果完成协议中的特定阶段，就有可能成为私营业务的一项稳定因素。在一个存在很多风险和不确定性的部门中，公私合营可能从这种意义上讲对参与其中的私营实体有利。

（2）分担风险

正如在第 8.2 节中所讨论的，在轨服务任务面临着一些法律挑战。在可能的情况下，六方不同的参与者会参与在轨服务任务。在轨卫星的发射国、该卫星的所有者、进行在轨服务的空间物体的发射国和该空间物体的所有者。此外，相关空间物体的运营商也可以发挥作用。从法律的角度来看，需要处理联合国《外空条约》和国际电联《无线电规则》的规制问题。在轨服务任务需要由特定国家根据其国内法授权，并遵照《外空条约》第六条的规定。为避免有害干扰，还需要考虑《无线电规则》规定的义务。

在公私合营中，风险是分摊的。对于私营实体来说，风险往往更大。在轨道服务方面，发射国要对进行服务的空间物体所造成的损害承担责任。由于公私合营具有分担风险的特点，所以在轨服务合作关系也应如此。当私营实体进行服务时，它也必须承受（部分）风险负担。这使得公私合营更加有利可图，特别是对于所涉及的公共实体。为了回避与所涉卫星所有者有关的问题，人们也可以将提供公私合营在轨服务的卫星限定为空间机构所有。

（3）技术知识

在公私合营中，私营实体往往发挥重要的决策作用。在协议条款中，私营实体被赋予了诸多自由。它拥有丰富的技术知识，能够最好地分析与在轨服务任务相关的潜在风险。在外空领域的公私合营中，私营实体往往被鼓励去优化设计和建造方法。这就是为什么在设计阶段私营实体被给予大量自主权。在在轨服务任务方面，应该特别注意与卫星对接相关的技术要求。由于在设计卫星时可能没有考虑到某些情况下进行在轨服务的可能性，因此一些较旧的卫星可能无法与新设计的空间物体对接。当涉及此类问题时，私营实体方面的技术知识可能会非常有用。这也适用于可能发生在与在轨服务任务有关的出口管制问题的经验。

从这个意义上来说，公私合营对双方都有好处。私营实体拥有技术知识，而且可以进入之前不（容易）进入的市场，例如，在在轨服务飞行任务中建立商业模式。另一方面，公共实体可以从其合作伙伴的技术知识中获益。

8.4.2　在轨服务任务公私合营条款

在促进在轨服务任务以及公共和私营实体的合作方面向前迈进的一大步是交会与服务操作执行联盟（以下简称 CONFERS）的倡议。CONFERS 是一个由行业主导的倡议，旨在借鉴政府和行业的最佳做法来研究和制定在轨服务的技术和经营标准[47]。行业与政府共同制定了在轨服务任务的标准，这是在鼓励在轨服务任务方面向前迈进的一大步。要使在轨服务保持现状，这些举措是明确需要的。

考虑到前几段所述的公私合营对在轨服务的好处，对于这些协议也需要考虑一些具体条款。

第一，由于在轨服务所涉及的两个空间物体非常接近，所以应该征得所涉双方（或者多方）对执行这项任务的同意。这包括空间物体的所有者，但也可能包括相关的发射国。

第二，与第一点密切相关，责任问题应该事先解决。在轨服务的公私合营关系应该对赔偿责任和共同风险有明确的约定。这是因为空间活动自身的性质，但是更重要的是因为在轨服务是近距离的活动。这一点既涉及发射前阶段，也涉及在轨阶段。因为有许多因素需要考虑，所以公私合营的相关条款应该在这一点上明确规定。

第三，双方应该在执行服务任务的空间物体的所有权和任务所产生的数据的归属上达成一致。

不言而喻，公私合营形式的在轨服务任务同样应该按照适用于其他空间活动的程序来进行。这意味着根据《外空条约》第六条，它们也要受到许可和监督。此外，正如

CONFERS 所做的那样，为在轨服务任务设定标准可能会对公私合营形式的在轨服务任务做出贡献。

8.5　结论

如前几段所述，为了使在轨服务任务达到新的水准，需要各国或其空间机构的推动。目前，行业方面缺乏激励机制，这主要是由于目前的商业模式所提供的经济利益所致。关于"新航天"的发展，一些人认为当前的国际法律框架已经过时，无法应对这些新的技术发展。这在某种程度上是正确的，因为在联合国空间条约的起草过程中许多技术发展没有被考虑进去。然而，因为当前的法律框架提供了一个强有力的法律框架，所以并不是非要修改。如今，各国所面临的诸多发展问题，可以通过第 8.1.1 节中所提到的指南来应对。

解决当前的发展问题并从行业的技术进步中受益的另一个办法是利用该行业的知识并发起公私合营关系。各国或其机构与行业之间的此类协定将极大地推动"新常态"的形成——体现在在轨服务任务并因此延长在轨卫星寿命方面。因为私营参与者在外空的经济成就持续攀升，轨道拥挤、空间交通管理和外空的可持续利用正成为越来越紧迫的问题，所以这种"新常态"至关重要。从这个意义上来讲，在轨服务任务和因此延长卫星的使用寿命两方面都需要跟上行业步伐。所有的空间参与者，无论是公共实体还是私营实体，都应该对他们在外空开展的活动负责。毫无疑问，促进外空的可持续发展是推动外空产业发展的必要条件。

作　者　简　介

玛尔戈·莫尔辛克（Margaux Morssink）毕业于阿姆斯特丹大学，获国际法硕士学位。此外，她还获得了空间法与电信研究所（Université Paris‑Sud）的空间活动和电信法硕士学位。她目前在荷兰无线电通信机构 Agentschap Telecom 的法律部工作。

参 考 文 献

［1］ Starlink mission—mission overview，May 2019（SpaceX）．https：//www. spacex. com/sites/spacex/files/starlink _ mission _ press _ kit. pdf，accessed 28 February 2020.

［2］ UNOOSA keeps an online registry：https：//www. unoosa. org/oosa/osoindex/search － ng. jspx? lf _ id＝.

［3］ ESA updates these numbers regularly. Space debris by the numbers，February 2020（ESA）．https：//www. esa. int/Safety _ Security/Space _ Debris/Space _ debris _ by _ the _ numbers，accessed 01 March 2020.

［4］ SpaceWorks for example publishes a small satellite forecast on a yearly basis. In 2019，the forecast of the launches of small satellites in the next 5 years were around 2000 － 2. 800 satellites. The forecasts can be found via the SpaceWorks website.

［5］ Malcolm Shaw，International Law（Seventh Edition，Cambridge University Press 2017），pp. 87 － 88.

［6］ Inter － Agency Space Debris Coordination Committee（IADC），Space Debris Mitigation Guidelines，which can be consulted via the IADC website.

［7］ Report of the Scientific and Technical Subcommittee on its forty － seventh session，UN Doc. A/AC. 105/958，2010，para 181.

［8］ Ibid. ，para 178.

［9］ NASA wrote an extensive history on the Skylab project and its crews. Part I—The History of Skylab，8 November 2003（NASA）．https：//www. nasa. gov/missions/shuttle/f _ skylab1. html，accessed 01 March 2020.

［10］ On the Skylab mission page on NASA's website，NASA states：'The effectiveness of Skylab crews exceeded expectations，especially in their ability to perform complex repair tasks. They demonstrated excellent mobility，both internal and external to the space station—showing humans to be a positive asset in conducting research from space'.

［11］ D. E. Hastings ＆ C. Joppin，On － Orbit Upgrade and Repair：The Hubble Space Telescope Example，in：Journal of Spacecraft and Rockets，43（3）：614 － 625.

［12］ D. J. Shayler ＆ D. M. Harland，The Hubble Space Telescope：From Concept to Success（Springer 2015），p. 386. See also：NASA Space Shuttle Mission STS － 61 press kit（1993）.

［13］ Ronald L. Newman，NASA STS － 61 Mission Director's Post － Mission Report（1995）.

［14］ Companies demonstrate groundbreaking satellite life － extension service，26 February 2020（Northrop Grumman）． https：//news. northropgrumman. com/news/releases/northrop － grumman － successfully － completes － historic － first － docking － of － mission － extension － vehicle － with － intelsat － 901 － satellite，accessed 01 March 2020.

［15］ UN Doc. ST/SG/SER. E/688（22 October 2013）.

[16] See Northrop Grumman's press release, supra n. 14.

[17] L. J. Smith and A. Kerrest, Article I (Definitions) LIAB, in S. Hobe, B. Schmidt - Tedd, & K. U. Schrogl (eds.), Cologne Commentary on Space Law, vol. 2 (Heymanns 2013), p. 114.

[18] Treaty on Principles Governing the Activities of States in the Exploration and Use of Outer Space, including the Moon and Other Celestial Bodies, adopted on 19 Dec. 1966, entered into force on 10 Oct. 1967, 610 UNTS 205.

[19] Convention on International Liability for Damage Caused by Space Objects, adopted on 29 Nov. 1971, entered into force on 1 Sept. 1972, 961 UNTS 187.

[20] T. Masson - Zwaan & M. Hofmann, Introduction to Space Law (Wolters Kluwer 2019), p. 27.

[21] See supra n. 17, p. 132.

[22] See supra n. 20, p. 28 and supra n. 17, p. 133.

[23] Convention on Registration of Space Objects Launched into Outer Space, adopted on 12 Nov. 1974, entered into force on 15 Sept. 1976, 1023 UNTS 15.

[24] See also supra n. 20, pp. 31 - 32.

[25] See for an extensive summary of contracts in the space sector, including launch service agreements, L. Ravillon, The Typology of Contracts in the Space Sector, in I. Baumann & L. J. Smith (edds.), Contracting for Space: Contract Practice in the European Space Sector, pp. 161 - 168.

[26] B. Schmidt - Tedd and S. Mick, Article VIII, in S. Hobe, B. Schmidt - Tedd & K. U. Schrogl (eds.) Cologne Commentary on Space Law, vol. 2, p. 163 (Heymanns 2009).

[27] Ibid.

[28] See for example article 4 of the Radio Regulations on assignment and use of frequencies.

[29] Report of the European Space Policy Institute, 'Evolution of the Role of Space Agencies', p. 23 (October 2019).

[30] See supra n. 29, p. 66.

[31] See supra n. 29, p. 23.

[32] F. Tronchetti, Fundamentals of Space Law and Policy (Springer 2013), p. 25.

[33] EADS Astrium was reorganized late 2013/early 2014 into Airbus.

[34] F. Von der Dunk, European Satellite Earth Observation: Law, Regulations, Policies, Projects and Programmes, in: 42 Creighton Law Review (2008 - 2009), pp. 432 - 433.

[35] Ibid. See also the TerraSAR - X Mission page on the ESA website. TSX (TerraSAR - X) Mission (ESA), https: //earth. esa. int/web/eoportal/satellite - missions/t/terrasar - x, accessed 28 February 2020.

[36] R. Werninghaus, S. Buckreuss & W. Pitz, TerraSAR - X mission status, Proceedings International Geoscience and Remote Sensing Symposium, Barcelona 2007, pp. 3927 - 3930 (IEEE 2007) and R. Werninghaus & S. Buckreuss, The TerraSAR - X Mission and System Design, in: IEEE Transactions on Geoscience and Remote Sensing (2010), vol. 48, no. 2, pp. 606 - 614.

[37] UN Doc. ST/SG/SER. E/526 (17 December 2007).

[38] Telecom, Artes 4. 0 programme—ARTES partnerships projects (ESA), https: //artes. esa. int/ private - public - partnerships, accessed 28 February 2020.

[39] Applications—Partnership (ESA), https: //www. esa. int/Applications/Telecommunications _

Integrated _ Applications/EDRS/Partnership，accessed 28 February 2020.

[40]　Former EADS Astrium，see supra n. 33.

[41]　C. Al - Ekabi，European Space Activities in the Global Context，in C. Al - Ekabi，B. Baranes，P. Hulsroj，A. Lahcen（eds. ），Yearbook on Space Policy 2014：The Governance of Space（Springer 2015），p. 29.

[42]　See supra n. 39.

[43]　42 USC 16，616. Section 108.

[44]　Ibid.

[45]　Research on the ISS - Public - private partnerships in space（ISS National Lab），https：//www. issnationallab. org/research - on - the - iss/public - private - partnerships - in - space/，accessed 28 February 2020.

[46]　NASA Opens International Space Station to New Commercial Opportunities，Private Astronauts，7 June 2019（NASA），https：//www. nasa. gov/press - release/nasa - opens - international - space - station - to - new - commercial - opportunities - private，accessed 01 March 2020.

[47]　The Consortium for Execution of Rendezvous and Servicing Operations（CONFERS），https：//www. satelliteconfers. org/，accessed 12 March 2020.

第9章 与在轨服务及主动移除碎片有关的法律问题

摘 要 自主在轨服务和空间碎片主动移除是商业航天产业中一个前景光明的新兴市场。然而，它们的出现带来了法律挑战，必须克服这些挑战才能顺利实施这些服务。本文概述了自主在轨服务的历史和背景，以及必须解决的关键法律问题。在近距离执行任务的背景下，探讨了过失定义不明确的问题，以及发生碰撞时碎片所有权的归属问题。此外，还探讨了服务卫星双重用途的法律含义。为了促进商业市场的发展，必须通过初步的国家间任务和继续发展在轨服务和主动移除碎片的最佳做法来解决这些法律问题。

9.1 引言

自主在轨服务[1]是包括两颗卫星自主交会对接在内的一系列服务。卫星在空间中的交会对接并不新奇，而且这种操作已经进行过很多次。然而，在轨服务作为一项商业服务，尤其是涉及不同国家的公司时，会带来一些潜在的法律问题。在撰写本文时（2020 年春），第一个自主在轨服务任务正在进行之中，并且随着多家公司都希望启动其第一个任务并开始提供服务，市场预计将在未来几年内增长。此外，在接下来的几年里，还将开展一些主动移除碎片的任务，这将带来与在轨服务类似的法律问题。

本文没有讨论卫星服务任务面临的技术或经济挑战，而仅仅讨论了卫星间服务和碎片移除的法律部分。本文以在轨服务的定义和历史开篇，接着讨论了国际法律框架、在轨服务和主动移除碎片的具体问题。

9.1.1 定义

广义上的在轨服务是指由专门设计的与目标卫星交会的服务卫星提供的一系列服务。当抵近目标卫星时，两颗卫星所采取的行动被称为近距离操作（或者交会和近距离操作）。服务卫星与目标卫星的连接称为对接，整个过程称为交会对接。

已经提出了几个技术复杂度不相同的在轨服务任务。

为了清楚起见，与目标卫星交会的服务卫星将被称为抵近卫星（the approaching satellite）。正在接受维修或者从轨道上移除的卫星将被称为目标卫星。

已经提出的在轨服务任务包括：

（1）姿态和/或轨道控制

抵近卫星与目标卫星对接，并接管目标卫星的姿态和轨道控制，使目标卫星指向正确的方向和运行在正确的轨道。在任务期间，抵近卫星与目标卫星保持对接，但可以继续为其他卫星服务[2]。

（2）加油

抵近卫星与目标卫星对接，并且在脱离前为其提供燃料以延长它的任务时间。因为很难知道航天器中还剩下多少燃料，所以这项服务将有助于减少任务持续期间的不确定性，并且确保留有足够的燃料将卫星转移到坟墓轨道[3]。每年大约有 10 颗卫星由于缺乏燃料而停止运作，如果有上述服务存在的话，这些卫星的燃料可能会得到补给[4]。

（3）维修

服务卫星操纵目标卫星以对其进行维修。这可能包括打开一块未能正确部署的太阳能电池板，或者进行更高级的维修，包括更换部件。

（4）空间碎片主动移除

这类任务的目的是从轨道上清除一颗报废的卫星或碎片。关于抵近卫星在离轨之前捕获目标碎片，人们提出了各种方法，包括鱼叉、鱼网、磁铁和机械手。虽然这不是严格意义上的在轨服务，但由于主动移除碎片和在轨服务在法律上具有相似性，所以在此进行了考虑。

9.1.2　历史

以下部分概述了在轨服务和主动移除碎片历史上的一些关键里程碑。

1966 年，尼尔·阿姆斯特朗驾驶的双子星 8 号（Gemini 8）与无人驾驶的 Agena 目标飞行器对接，实现了首次空间交会对接[5]。

1984 年，航天飞机（STS-51A）收回了 Palapa B2 号和 Westar VI 号两颗通信卫星，这两颗卫星由于远地点发动机失效而滞留在其预定轨道之外[6]。这些卫星的设计目的不是对接，而是返回地球进行维修和重新发射[7]，这可以说是一种主动移除碎片的形式。

为卫星提供服务的首次空间交会对接是 1992 年的 STS-49 任务，航天飞机机组成员借此取回了通信卫星 Intelsat 603 并将其固定到一个新的上面级装置上，使其能够进入地球同步轨道[8]。

其他著名的任务包括哈勃空间望远镜（HST）的维修。这包括 1993 年到 2009 年间进行的五次任务，航天飞机在此期间与哈勃空间望远镜交会对接。航天员手动进行了对卫星的维修和升级，包括修理陀螺仪、安装新的太阳能电池板和科学仪器[9]。

2007 年，作为"轨道快车"计划的一部分，两颗卫星 ASTRO 和 NEXTSat 利用一支机械臂在空间中自主进行交会对接，转移燃料并测试了其他机器人维修技术[10]。

2020 年年初，诺斯罗普·格鲁门公司（Northrop Grumman）的子公司 Space Logistics 的任务延寿飞行器（MEV）与 Intelsat-901 对接，这是第一个与未设计为对接的航天器的自动对接。MEV-1 任务的对接发生在远离活动卫星的同步轨道卫星坟墓轨道上，以尽可能降低若任务失败对其他航天器造成的危险[11]。第二次 MEV 任务，MEV-2，于 2020 年晚些时候发射[12]。

9.1.3　未来

有几个因素同时表明，在轨服务是一个新兴市场：

1）航天飞机的退役意味着没有可以用于维修卫星的航天器。发生故障并且可能由航天飞机修复的卫星现在滞留在轨道上。

2）广播业务收入的下降，以及诸如低轨星座发射、高通量宽带卫星等新卫星技术的出现，导致地球同步轨道卫星通信部门的业务存在极大的不确定性。因为运营商们纷纷推迟对新卫星的订购，所以每年被订购的地球静止卫星的数量从 20~25 颗减少到 7~8 颗。这加强了提供服务的商业理由：卫星通信公司可能选择支付数千万美元以扩大现有卫星的收入，而不是花费数亿美元订购一颗新卫星。以 Intelsat - 901 为例，这颗已经工作 19 年的卫星将继续运行 5 年以上。

3）新的星座运营商需要确保其轨道尽可能保持通畅，并可能支付主动移除空间碎片服务的费用。关于轨道碎片的更严格的国家法规可能要求这样做。目前，在 650 km 以上的卫星中只有大约 20% 的卫星试图脱离轨道[13]。对于这些卫星而言，它们不可能自然而然地脱离轨道，所以碎片的主动移除对于将这些卫星从轨道上清理下来至关重要。

诺斯罗普·格鲁门公司的 MEV - 1 任务是第一个由公司提供商业服务以延长卫星寿命的任务。在接下来的十年中，这将成为一个不断增长的市场，市场研究咨询公司北方天空研究公司估计：到 2029 年，该项目的累计收入将达到 31 亿美元[14]。诺斯罗普·格鲁门公司预计将会发射更多更高级的任务，包括有效空间公司（Effective Space）[15]和无限轨道公司（Infinite Orbits）[16]在内的初创公司也将加入其中。

在主动移除碎片方面，初创公司 Astroscale 公司已经筹集到 1.53 亿美元[17]，并且希望在 2020 年发射示范任务[18]，而 ClearSpace 公司已经和欧洲空间局达成一项价值 1 亿美元的交易，将在 2025 年展示主动移除碎片任务[19]。

9.1.4　跟踪注意事项

在轨卫星的跟踪主要由政府组织进行，特别是美国联合太空作战司令部跟踪了超过 20 000 个直径超过 10 cm 的空间物体，并与世界各地的运营商共享此信息[20]。

在这些被跟踪的空间物体中，大约有 2 200 个是卫星[21]。562 个运行在地球同步轨道（GEO）上，由于与地面传感器的距离较大，因此跟踪精度较低[22]。

全球范围内的一系列雷达和光学望远镜对轨道上的物体进行探测。然后将这些数据结合起来，建立卫星航迹模型，并将其外推到未来时刻以估计卫星轨迹。这提供了一个卫星位置的估计，以及它是否会与另一颗卫星相撞。但是，这些估算的轨迹存在不确定性，运营商无法确切确定其卫星未来的轨迹。

9.2　法律注意事项

本节将概述国际空间法的法律框架，然后讨论与在轨服务相关的关键问题。

国际空间法的主体由五个国际条约组成。前两项条约与在轨服务最为相关，即 1967 年《外空条约》和 1972 年《责任公约》。109 个国家批准的《外空条约》概述了外层空间行为的一般原则，而 96 个国家批准的《责任公约》，概述了空间物体对地球表面和空间造成损害的赔偿责任。

9.2.1　《外空条约》

在轨服务引发的主要法律问题是，如果两颗卫星是从不同的国家发射，它们之间会发生碰撞的后果。

《外空条约》第七条规定：

每个国家……对这种物体或者其组成部分在地球表面、大气空间或者外层空间对另一个缔约国或者其自然人或者法人造成的损害应当承担国际责任[23]。

就在轨服务而言，各国将对其卫星损坏另一国卫星所造成的损害负责。目前尚不清楚哪个国家应该对损害负责，没有责任标准。这一点在《责任公约》中有详细阐述。

《外空条约》第九条规定：

如果条约缔结国有理由认为，该国或者该国公民计划在外层空间进行的活动或者实验，……，可能会对其他缔约国和平探索和利用外层空间的活动造成潜在的有害干扰，……，那么该缔约国应该在进行任何此类活动或者实验之前进行适当的国际磋商。

这意味着，如果要在各国之间执行卫星服务任务，包括碎片主动移除，各国应该事先达成某种法律协议。此前，自主卫星对接是在国家内部进行的，因此国际法没有要求签订协议，概述出问题时的责任，尽管商业实体可能已经创建了这些协议。

《外空条约》使用了模糊的措辞[24]，而且是在防止太空战争成为优先事项的时期制定的，它无法预测 50 年后自主在轨服务的到来。《责任公约》中则澄清了一些问题。

9.2.2　《责任公约》

《责任公约》基于《外空条约》第七条，在在轨碰撞的情形下引入了过失责任。《责任公约》第三条规定：

任一发射国的空间物体在地球表面以外的其他地方，对另一发射国的空间物体，或者其所载人员或者财产造成损害时，只有损害是因为前者的过失或者其负责任的人员的过失而造成的条件下，该国才对损害负有责任[25]。

然而，《责任公约》并未对过错下定义。此外，它还没有被正式援引，因此还有待检验[26]。

布莱克法律词典（Black's law dictionary）将过失定义为：

1）判断或者行为上的错误或者缺陷；由于疏忽、无能、顽固、不守信用或者管理不善导致的任务对谨慎或者职责的偏离……。2）因故意或者疏忽未能维持某种行为标准，导致对他人的伤害[27]。

这一定义带来了与在轨服务相关的一些关键问题：

抵近卫星出现故障，是因为它靠近了目标卫星，还是因为目标卫星一开始就濒临故障？是哪颗卫星在关键时刻发生故障导致了碰撞？卫星在解体之前有相互接触吗？这些都是为服务任务准备法律约定时必须考虑的情况。

9.2.3　碎片生成

1974 年，经 69 个国家批准的《登记公约》的第一条将空间物体定义为"空间物体及其运载火箭和零部件的组成部分"[28]。

空间碎片没有一个法律上的定义。2007 年，联合国和平利用外层空间委员会通过的《空间碎片减缓指南》将空间碎片定义为"在地球轨道上或者重新进入大气层的所有丧失功能的人造物体，包括其碎片和部件"[29]。

国家对它们发射到太空中的物体负有责任，这也包括任何在任务期间，或者在碰撞或者分裂的过程中产生的碎片。从理论上讲，国家甚至要对它们卫星上掉下来的颜料斑点负责，尽管这是没有意义的，因为较小的物体是无法被追踪的。如果一块碎片继续损害另一个国家的卫星，那么造成这些碎片的国家将承担责任。

当对接两颗卫星时，可能会发生意外。在未来十年中，随着概念验证任务的开展，这将特别重要，包括由执行首次太空任务的初创公司进行的验证。最大的风险是灾难性的碰撞会产生大量的空间碎片。一个较小的后果可能是任何一颗卫星的故障或者更轻微的损坏。在近距离操作中，两颗卫星发生轻微碰撞或者"撞击"，但没有产生碎片或者明显损坏的情况并不少见[30]。

在上述严格的责任制度下，碎片引发的问题仍然由发射国承担责任。如果碰撞产生的碎片继续损害其他国家的空间物体，那么碰撞所涉及的两个国家将会为各自的碎片负责。在碰撞中，特别是当两颗卫星之间的倾角较小时，我们无法可靠地确定哪些碎片来自哪个航天器。相反，过错国可能会对碰撞中产生的所有碎片负责。因此，确定哪一方应对此次事故负责至关重要。

对由碎片造成的碰撞提出索赔可能不可行，但它们可能足够可信，足以造成国际紧张局势。需要对在轨服务事故产生的碎片负责意味着各国将有更强的动机去避免碰撞发生。

9.2.4　主动移除碎片

在主动移除碎片的场景中，丧失功能的目标卫星被定义为碎片。可以说，碰撞几乎肯定是抵近卫星的过错。然而，如果这对于抵近卫星的运营商会造成重大影响的话，就可能妨碍到减少空间碎片的更大任务。显然，要使责任规制切实可行，需要一些务实的解决方案。

一种解决办法是采用空间碎片遗弃的一般法律原则[31]。这将涉及把无法运作的空间物体视为遗弃物。被归为遗弃物的物体不需要正式的所有权转让或者国际法律协议，就可以被另一国移走。此外，它还可以减少因对国家空间物体的定义进行严格解读而强加的严格所有权制度。然而，责任问题仍然存在，因为被遗弃的空间物体仍然可能继续损害航天器，国家仍然必须承担责任。此外，减轻一国对其碎片所应承担的责任将会削弱一国移除自身碎片的动机。

在允许各国接近和清除空间碎片的框架[32]中，可能会涉及一项正式同意的参与框架的许可。这可能涉及联合国与各国之间的磋商，允许各国对空间物体提出主权主张，如果没有收到回应，清理任务就可以清除碎片，并在一定程度上确信它们没有违反《外空条约》。如上所述，它还允许联合国宣布空间物体被遗弃。

9.2.5　在轨服务卫星作为武器

有关服务卫星的一个考虑因素是，敌对行为者也有可能利用它们来击落运行中的卫星[33]。的确是这样，一颗卫星可能会与另一颗卫星交会，并使其受损或者脱离轨道。由于是从地面开始跟踪，目标卫星可能会发出一些警告，并且可能通过登记或者发射记录知道敌方航天器来自哪个国家。

几乎所有的卫星都有双重用途，既有军事用途，也有民用用途。卫星可能在暗地里被操控去和其他卫星相撞，但是如果没有交会与抵近能力，这将是困难的。然而，使用服务卫星可能不是使卫星失效的最有效的方法。导弹可以用来击落卫星，地面和天基干扰信号可能会扰乱对卫星的控制。使用服务卫星攻击对手的卫星将减少碎片，这是令人钦佩的，但可能不是敌对行为者的最高优先事项。

从法律的角度来看，使用敌对的服务卫星使他国卫星瘫痪或损坏将是一种攻击，国际人道主义法适用于此。这也违背了《外空条约》对"和平目的"的限制。应对时应该遵循自卫原则的国际习惯法，即符合必要性和相称性。

然而，各国如果以秘密方式开发在轨服务技术，那么彼此之间的政治紧张局势可能会加剧。

9.2.6　国际试验任务与国际习惯法

在来自不同登记国的两个组织之间进行一次试验，将会为这些法律问题提供一些先例和解决办法[34]。从事在轨服务的公司和国家应当明确约定事故发生时的过错认定和碎片归属。这将有助于发展在轨服务和国家间交会对接的最佳做法。

国与国之间的持续任务可以在国家之间创造意见判例证据，允许建立国际习惯法和约束各个国家采用最佳实践。

9.3　结论

各国实施交会对接已经超过 50 年。最近，商业上的需求增加了运用交会对接技术自主服务卫星或者从轨道上移除卫星的可能性。当这项工作是由不同国家的组织实施时，会引起一些法律问题。主要的问题是产生的任何碎片的归属和事故发生时的过失责任。对于提供服务的公司来说，这些法律问题必须得到解决。随着公司执行它们的首次任务并开始提供商业服务，国际试验任务将为解决这些问题提供机会，并且确保这一新兴市场能够蓬勃发展。

作 者 简 介

　　伊万·赖特（Ewan Wright）目前在谢菲尔德大学（University of Sheffield）攻读航空航天工程硕士学位，他曾在商业航天领域做过一年的商业分析师。他对新兴空间技术的商业应用和空间碎片增长的后果特别感兴趣。

参 考 文 献

[1] Occasionally in – orbit is used. The author considers the two synonymous and will use on – orbit for this article.

[2] Jeff Foust, 'Rethinking Satellite Servicing', The Space Review, 4th February 2019. https：// www. thespacereview. com/article/3653/1，(accessed 27th March 2020).

[3] Brian Weeden, 'Dealing with Galaxy 15：Zombiesats and on – orbit servicing', The Space Review, 24th May 2010. https：//thespacereview. com/article/1634/2，(accessed 27th March 2020).

[4] Jeff Foust, 'The space industry grapples with satellite servicing', The Space Review, 25th June 2012. https：//www. thespacereview. com/article/2108/1，(accessed 27th March 2020).

[5] Barton C. Hacker and James. M. Grimwood, 'On the Shoulders of Titans：A History of Project Gemini', NASA Special Publication – 4203, 1977. https：//www. hq. nasa. gov/office/pao/History/ SP4203/ch13 – 6. htm，(accessed 29th March 2020).

[6] Jeanne Ryba and Brian Dunbar, 'Mission Archives：STS – 51A', NASA's John F. Kennedy Space Centre Mission Archives, 18th February 2010. https：//www. nasa. gov/mission _ pages/shuttle/ shuttlemissions/archives/sts – 51A. html，(accessed 29th March 2020).

[7] Richard Parker, 'On – orbit satellite servicing, insurance and lessons of Palapa B2 and Westar 6' ROOM Issue ＃ 1 （3），2015 https：//room. eu. com/article/Onorbit _ satellite _ servicing _ insurance _ and _ lessons _ of _ Palapa _ B2 _ and _ Westar _ 6，(accessed 27th March 2020).

[8] Jeanne Ryba and Brian Dunbar, 'Mission Archives：STS – 49', NASA's John F. Kennedy Space Centre Mission Archives, 31st March 2010. https：//www. nasa. gov/mission _ pages/shuttle/ shuttlemissions/archives/sts – 49. html，(accessed 30th March 2020).

[9] Rob Garner and Brain Dunbar, 'About—Hubble Servicing Missions', NASA Mission Pages, 8th April 2020. https：//www. nasa. gov/mission _ pages/hubble/servicing/index. html，(accessed 30th March 2020).

[10] Brian Berger, 'U. S. Air Force to End Orbital Express Mission', Space. com, 20th June 2007. https：//www. space. com/4018 – air – force – orbital – express – mission. html，(accessed 30th March 2020).

[11] Caleb Henry, 'Northrop Grumman's MEV – 1 servicer docks with Intelsat satellite', Space – News. com, 26th February 2020. https：//spacenews. com/northrop – grummans – mev – 1 – servicer – docks – with – intelsat – satellite/，(accessed 27th March 2020).

[12] Michael Sheetz, 'For the first time ever, a robotic spacecraft caught an old satellite and extended its life', CNBC, 17th April 2020. https：//www. cnbc. com/2020/04/17/northrop – grumman – mev – 1 – spacecraft – services – intelsat – 901 – satellite. html，(accessed 3rd April 2020).

[13] Jeff Foust, 'Mega – constellations and mega – debris', The Space Review, 10th October 2016. https：//www. thespacereview. com/article/3078/1，(accessed 3rd April 2020).

［14］　Northern Sky Research,'In – orbit satellite services pave the way to manage space assets', Northern Sky Research. 11th February 2020. https：//www. nsr. com/nsr – report – in – orbit – satellite – services – pave – the – way – to – manage – space – assets/, (accessed 30th March 2020).

［15］　Effective Space,'Effective Space Fact Sheet'. https：//www. effective. space/, (accessed 30th March 2020).

［16］　Infinite Orbits,'About IO'. https：//www. infiniteorbits. io/, (accessed 30th March 2020).

［17］　Crunchbase,'Astroscale'. https：//www. crunchbase. com/organization/astroscale # section – overview, (accessed 5th April 2020).

［18］　Jason Forshaw and Andy Bradford,'The ELSA – d End – of – life Debris Removal Mission: Preparing for Launch' 70th International Astronautical Congress (IAC), 21st October 2019, IAC – 19, A6, 5, 2, x49982. https：//astroscale. com/wp – content/uploads/2020/02/ELSA – IV – Conference – IAC – 2019 – v1. 1. pdf, (accessed 29th March 2020).

［19］　European Space Agency,'ESA commissions world's first space debris removal', ESA Safety and Security, 9th December 2019. https：//www. esa. int/Safety _ Security/Clean _ Space/ESA _ commissions _ world _ s _ first _ space _ debris _ removal, (accessed 30th March 2020).

［20］　T. A. Aadithya,'Review Paper on Orbital Debris Mitigation and Removal and a New Model Insight', Proceedings of the 24th IRF International Conference, 3rd May 2015, ISBN: 978 – 93 – 85465 – 07 – 9.

［21］　Union of Concerned Scientists,'UCS Satellite Database December 2019 Update', 16th December 2019. https：//www. ucsusa. org/resources/satellite – database, (accessed 30th March 2020).

［22］　Brian Weeden,'Dancing in the dark redux: Recent Russian rendezvous and proximity operations in space', The Space Review, 5th October 2015. https：//www. thespacereview. com/article/2839/2, (accessed 29th March 2020).

［23］　United Nations Office for Outer Space Affairs, Treaty on Principles Governing the Activities of States in the Exploration and Use of Outer Space, Including the Moon and Other Celestial Bodies, 1966.

［24］　Cristin Finnigan,'Why the Outer Space Treaty remains valid and relevant in the modern world', The Space Review, 12th March 2018. https：//www. thespacereview. com/article/3448/1, (accessed 5th April 2020).

［25］　United Nations Office for Outer Space Affairs, Convention on the International Liability for Damaged Caused by Space Objects, 1971.

［26］　Secure World Foundation '2009 Iridium – Cosmos Collision Fact Sheet', Secure World Foundation, 10th November 2010. https：//swfound. org/media/6575/swf _ iridium _ cosmos _ collision _ fact _ sheet _ updated _ 2012. pdf, (accessed 5th April 2020).

［27］　Black's Law Dictionary, 8th ed. 2004, 641.

［28］　United Nations Office for Outer Space Affairs, Convention on Registration of Objects Launched into Outer Space, 1974.

［29］　United Nations Office for Outer Space Affairs,'Space Debris Mitigation Guidelines of the Committee on the Peaceful Uses of Outer Space', UNOOSA, January 2010. https：//www. unoosa. org/pdf/publications/st _ space _ 49E. pdf, (accessed 30th March 2020).

[30] Brian Weeden, 'Dancing in the dark redux: Recent Russian rendezvous and proximity operations in space', The Space Review, 5th October 2015. https://www.thespacereview.com/article/2839/2, (accessed 29th March 2020).

[31] Chelsea Muñoz‐Patchen, 'Regulating the Space Commons: Treating Space Debris as Abandoned Property in Violation of the outer Space Treaty', Chicago Journal of International Law, 16th August 2018, Vol. 19: No. 1, Article 7.

[32] Brian Weeden, 'Overcoming Legal, Policy, and Economic Hurdles for Active Debris Removal', OECD Workshop on Economics of Space Debris, 19th June 2019. https://swfound.org/media/206465/bw_oecd_overcoming_non‐technical_challenges_adr_june2019.pdf, (accessed 30th March 2020).

[33] Jeff Foust, 'The space industry grapples with satellite servicing', The Space Review, 25th June 2012. https://www.thespacereview.com/article/2108/1, (accessed 27th March 2020).

[34] Brian Weeden, 'How Do I Ask Permission to Engage With A Piece of Space Debris', 3rd European Workshop on Space Debris Modelling and Remediation, 16th June 2014. https://swfound.org/media/171984/weeden_permission_to_engage_june2014.pdf, (accessed 29th March 2020).

译 后 记

近年来，在轨服务技术领域发展迅速，新系统与技术不断涌现并投入应用，相关法律问题与规范准则的讨论逐渐成为业界关注的焦点。2020年，美国已首先在商业领域正式提供在轨服务业务，美国国防高级研究计划局（DARPA）资助的在轨服务产业联盟（CONFERS）于同年向国际标准化组织（ISO）提交了一份标准草案（ISO DIS 24330，截至2021年），目标是作为首个标准获得国际范围内认可。目前，在相关的国际新规则制定层面（包括新法立法、技术标准等），美国主张较多，欧盟、日本和俄罗斯开展了独立研究；国际上有初步形成的共识（LTS，2019），但仍存在诸多争议。我国在轨服务相关技术的成熟度也在不断提升，但国内相应配套的软环境支撑尚显薄弱，相关政策与法律还相对滞后。国内目前只有中国空间技术研究院组织开展了较为系统的相关政策与法律问题研究，并在中国空间法学会的交流平台上开展了工业界管理、技术人员与法学界学者的广泛研讨。

译者于两年前读到由 Springer 出版社 2020 年出版的本书原著。原著由世界著名空间政策研究机构之一的欧洲空间政策研究所编辑。主要围绕"在轨服务"这一主题收录了政治、法律、经济和安全等多角度的前沿问题研究成果，展现出在技术快速发展的态势下，多角度、全方位的现实问题。这对于相关项目实施与系统应用尤为重要。鉴于此，译者翻译完成本书，希望它有助于国内在轨服务领域的决策者、管理和技术人员、学者了解国际相关议题研讨中的欧洲主流观点，为国内相关项目实施的政策法律需求以及国内航天立法工作提供参考；并能在促进国内形成行业共识的基础上，为我国积极参与国际研讨与合作提供基础。

本书的翻译出版工作得到了航天科技图书出版基金的资助。本书最终得以翻译并付梓出版，感谢中国航天科技集团有限公司包为民院士的战略性、前瞻性思想指引，感谢中国空间技术研究院总法律顾问王冀莲研究员的鼓励与指导，感谢钱学森空间技术实验室各级领导的帮助以及李志总师给予的工作支持，北京航空航天大学法学院高国柱教授与译者就其中的法律专业问题进行了讨论并负责全书专业审校，钱学森空间技术实验室姚娜博士协助译者完成全书最终审校，在此一并感谢。感谢本书编辑臧程程同志耐心细致的工作与辛勤付出，感谢中国宇航出版社的大力支持与帮助。

鉴于年轻译者专业知识与外语水平有限，存在的不当之处在所难免，敬请读者批评指正！

译 者

2022 年 6 月